不怕万人阻挡，
只怕自己投降

童 路 ◎ 主编

北京工艺美术出版社

图书在版编目（CIP）数据

不怕万人阻挡，只怕自己投降/童路主编． — 北京：北京工艺美术出版社，2017.6

（励志·坊）

ISBN 978-7-5140-1206-4

Ⅰ.①不… Ⅱ.①童… Ⅲ.①成功心理－通俗读物 Ⅳ.①B848.4-49

中国版本图书馆CIP数据核字（2017）第030006号

出 版 人：陈高潮
责任编辑：王炳护
封面设计：天下装帧设计
责任印制：宋朝晖

不怕万人阻挡，只怕自己投降

童路 主编

出　　版	北京工艺美术出版社
发　　行	北京美联京工图书有限公司
地　　址	北京市朝阳区化工路甲18号 中国北京出版创意产业基地先导区
邮　　编	100124
电　　话	（010）84255105（总编室） （010）64283630（编辑室） （010）64280045（发　行）
传　　真	（010）64280045/84255105
网　　址	www.gmcbs.cn
经　　销	全国新华书店
印　　刷	三河市天润建兴印务有限公司
开　　本	710毫米×1000毫米　1/16
印　　张	18
版　　次	2017年6月第1版
印　　次	2017年6月第1次印刷
印　　数	1~6000
书　　号	ISBN 978-7-5140-1206-4
定　　价	39.80元

CONTENTS 目 录

人生不妨大胆一点

003　人生仅有一次，就别再畏畏缩缩了

009　想要成功，就拿出一点魄力来

014　别随随便便就放过了自己

018　你还把自己当个孩子吗

023　人生有无数可能，别紧盯着一个不放

028　你连自律都不行还想成功

032　不用把自己的位置放得太低

037　努力并不是一件丢脸的事儿

041　你的努力会让你成为自己的大英雄

046　受了点委屈你就要选择投降

053　放轻松点，没必要那么较劲

057　就别为你的将就找借口了

062　别还没到终点就倒在了岔路口

067　讲真，你并不会排斥这个社会的生存之道

CONTENTS

别轻易选择了放弃

- 075 　　别因为害怕痛就放弃了蜕变
- 080 　　别让畏惧造成你的抱憾终身
- 085 　　遥不可及的成功会因为你的坚持而唾手可得
- 087 　　成功的路都不是容易走的路
- 091 　　成功，拼的就是谁能坚持到底
- 093 　　坚持努力也是一种生活的仪式
- 096 　　因为害怕而放弃不值当了
- 100 　　生活总会留点鸿运给固执的人
- 107 　　别拿知足常乐来做你不坚持的借口
- 114 　　你选择了稳定，就不要怪别人取笑你
- 118 　　别因为懒，而失掉原来可能的精彩
- 122 　　穷其一生，也要去追一个梦
- 126 　　你不一定会成功，但你一定要努力
- 130 　　有梦想，是一件很幸福的事
- 137 　　别因为难，就止步不前了

目 录

勇敢面对人生的磨炼

143　没有磨砺的人生不是完美的人生

149　对待伤痛，唯有内心强大

155　越是挫折来临越是要从容以对

160　我可不想再听你诉苦

164　刷新自我比你刷新朋友圈可重要多了

167　享受当时当下每一刻

172　做不一样的自己没那么难

178　放心，你的努力时间它非常认可

183　成长就是需要我们不惧伤痛

186　说真的，你没必要这么较真

190　不完美也是一种完美

193　不是每一件事都要有它的价值

195　希望是生命最好的养料

197　每一天，都会有新的际遇

201　别在你的纠结中焦虑不安

CONTENTS

204 请从你的习惯痛苦中跳出来

209 受了点批评就哭

没人可以左右你的人生

215 若想征服全世界，就得先征服自己

218 对你的人生负责一点

221 别让那些闲言碎语影响了你的决定

226 请把你的一切都献给现在

231 你的人生，你自己决定就好

235 爱那个最好的自己

243 明天又会是晴朗的一天

246 别频频回头，去过自己的生活

目 录

249　　你都不去做，凭什么说害怕

252　　任何时候都别丢了你自己

255　　朋友不用贪多，走心就好

258　　你又不是为了他人而在努力

263　　别因为他人而降低了自己的标准

266　　做一个真正强大的女人

271　　其实你不用戴着面具去生活

276　　学会不时地取悦下自己

人生不妨
大胆一点

努力是一种美好的品德，
它应该暴露在阳光下。
人生不妨大胆一点，
反正只有一次。

人生仅有一次，就别再畏畏缩缩了

刚上班那会，我看到那些整天带着个浪琴、欧米伽手表的女生，就觉得这些人特"装"。

我女汉子很多年了。看到那些天天捯饬自己，面膜化妆服装搭配的女生，一直觉得特轻浮，肯定没什么内涵。

我去迪卡侬买了个运动水壶，有吸管的那种。同事看到了，说，我最不喜欢有吸管的水壶了，清洗起来很麻烦。

我爱上跑步，每周3次，至今已经3个月，有人跟我说，你不要这样跑步，你看那个×××，跑步跑得膝盖受伤，最后连山都爬不了了。

大学时候，我有个同学，性格特张扬，典型的跟谁都相见恨晚的交际达人。心里特别讨厌，特别不爽，觉得这样的人真虚伪，跟谁都好。我不屑做这样的人，也不屑跟这样的人来往。

上面的事情，有些主人公是我，有些不是我，但是在里面，我都能看到曾经自己的影子。有点墨守成规，有点偏激和固执己见。按照自己界定的规则生活，执拗地认为自己的观念才是人生的不二法则，还看不惯其他不按照此法则生活的人。

《伊索寓言》里面有个著名的狐狸的故事。有只想吃葡萄的狐狸，因为自己摘不到而没吃到葡萄，就说葡萄是酸的。这个在心理学上称之酸葡萄心理。

我想，过去的自己就是那只吃不到葡萄的狐狸吧。因为得不到很痛苦，或是实现的过程很痛苦，就告诉自己葡萄是酸的。用这样的方式安慰自己，以期消弭痛苦，从而达到暂时的心理平衡。

如果抚慰还嫌不够，就开始使用酸葡萄心理的升级版本——甜柠檬心理：我就是不要跟你们一样，我就是按照自己认定的路子去走，凡是不符合我价值观的做法和思想都是我所鄙视和不屑一顾的。

忙不迭说"我不"于是渐渐成为自己的态度和风格。很多时候，好像是为了反对而反对，目的是为了凸显自己的与众不同和见解独到。然而懂我的人却越来越少，不过并没有关系，我告诉自己也许我生性孤独。这种孤独犹如"风萧萧兮易水寒，壮士一去兮不复还"的决绝和寂寞。对了，关键是，你们这些凡人都不懂我。而我，也不需要你们懂。

我过去一度认为我与众不同，认为我是一个众人不能理解的天才，我曾嘲笑让我改变说话方式的"俗人"，我曾暗自腹诽不爱学习爱装扮的"绿茶婊"，我曾鄙视那些说话好听的"马屁精"，我曾经与一个爱出风头的朋友割席断交。

我一直以为我是对的。时间却日复一日、年复一年如风沙般侵蚀我看似坚强却不堪一击的"石头"表面。

思想开始动摇，慢慢发现，芸芸众生，天才何其少，往往是普通人还没做好，却得了一身天才的毛病。那些原来固守的东西，未必有想象的那么正确，那些一直讨厌回避的东西，并不如想象的那么不堪。

所以，以上几件事情也多了岁月这把刷子留下的印子：

1. 讨厌戴手表觉得"装"的我自己，有一天，拥有了一块品牌手表。戴上之后，发现戴个有质感的手表，其实也不赖，还可以增加自信。

2. 闺蜜看不下去我整日不修边幅的样子，硬逼着我去打扮，教我简单的化妆，突然发现，每天出门都感觉自己精神奕奕的。

3. 说清洗有吸管的运动水壶困难的同事，过了没多少天，她自己也买了一个。跟我说这个水壶喝水真的很方便。

4. 说跑步不好的同事，后来我看见他自己在朋友圈发大汗淋漓的照片，表示，运动完出一身汗真是太爽了。

5. 工作后，因为工作需要，我学着跟人相处，跟很多人谈笑风生，我发现这样也没什么虚伪，反而大家还挺喜欢你的。而且越来越觉得，学会说话是一门艺术，说一些恰当的话，适当的时候可能会不经意改变事情的发展方向。而且学会说话，也能减少直来直去的性格伤人的机会。

也许你会说，看哪，时间把一个单纯的愣头青，变成了一个虚荣的老油条。

这句话，就是曾经的我，对苦口婆心一心要"渡化"我的人说的话。

此时此刻，我自己却变成了那个苦口婆心的人，絮絮叨叨地想要分享给年轻人，一些他们可能不爱听的生活感悟。

你看，我们确实会变成我们自己讨厌的人。不过，我却并不讨厌现在的自己。

没错，我变成了自己口中的"老油条"，可是更多时候，我为自己感到欣慰。因为我变得包容性更强，我开始学着去尝试，学着清除自己给自己设定的条条框框，接触不喜欢的人，做一些不喜欢的事。在尝试新事物的过程中，收获不一样的力量。

人生的大多数时候，我们像是怕被妖怪伤害的唐僧，固守在自己划下的圆圈内，图个安全舒适。站在这个心理的舒适区，看见别人做错了，就笑，你看吧，我就知道这样不行。看见别人做对了。心情就不好，然后酸溜溜地说，哎哟嘿，还真的做成了。我们走着瞧，看你能嘚瑟几天。

因为无论别人是输是赢，我的生活还是如此，并未受影响。

最后年年岁岁花相似，你还是原来的你，人家却已不是原来的人家。

不敢突破的原因很多，归结起来无非是：害怕现有的生活被打乱，害怕新的生活不如现在好。一句话：无法承担冒险的代价。

嗯，悲观主义的世界，总是如此。因为总是会看到新事物那不好的方面，却忘了还有好的方面。

所以，为什么要画地为牢呢？为什么"不"走圈圈出去看看呢？外面的世界也许并不如我们想象的那么坏。

不喜欢"装"，可能只是因为不了解，他们只是对生活有追求，而你单方面地统一将他们划分为"装"。当经济水平达到可以"装"的阶段，你会发现，你喜欢某个品牌，也许并不因为这个logo，而是这个东西本身让你用得舒心，它的品质做工让你心仪。你用它，更多的是善待自己，而非作秀。

不喜欢运动，因为膝盖会受伤，很可能只是没有得到专业的指导或者运动量一下子太大，何不找个专业教练指导一下呢？或者先从走路开始，渐渐找到适合自己的运动方式？

不喜欢化妆，喜欢天然。问题是天然就美的女子太少，大多数女子一般都要稍稍修饰，天知道你会不会被自己化个淡妆也同样纯净美丽的样子惊艳。

不喜欢麻烦地清洗有吸管的运动水壶，可能只是因为忽略了吸管带给你的便利，也许有吸管的水壶清洗起来并没有想的那么困难。

不喜欢跟很多人在一起，也许是没学会怎么跟人好好相处。害怕大家不理你带来的尴尬。当你开始学习讲温暖的话，你发现，别人开心，你好像也很开心。何乐不为呢？而且，活泼爱表现的朋友一般比较自信，周身散发正能量，当关注点不在"讨厌"上了，换个角度，就会发现，咦，原来她们也很可爱。

新事物也许是坏的，也许是好的，可是总有50%好的可能性。

如果没有第一个吃螃蟹的人，可能我们到现在都失去了品尝如此美味的机会？

如果没有发明电灯的人，现在我们的城市怎么会灯火通明，五光十色？

如果没有莱特兄弟发明飞机，我们现在还只能跋涉在"丝绸之路"上，翻过雪山趟过沙漠，听着驼铃和鸟叫？

很多人都在自嘲，为什么我听过那么多道理，却依然过不好这一生。看似无奈中透着悲凉，我却觉得好笑，因为自嘲的差不多都是如我一般二三十岁的年轻人，二三十年，一般来说，仅仅也就是一生的其中一段吧。很多年轻人，包括我自己，总是想要睿智地表现出看透世事的模样，其实是否就如辛弃疾写的"少年不知愁滋味，为赋新词强说愁"一样呢？

还有一个原因是，就算知道所有的道理，可是你从未去践行，这些道理跟你的人生便只有很少的相关性。所以在你年轻的岁月里，你仍然过着什么都懂却什么都不做的日子。然后故作沧桑，说道理都懂，可是我却过不好这一生。

难道怪道理吗？还是怪社会？

指责别人是否永远比指责自己更让自己好受？因为贪图不痛不痒，所以选择忽视自己，责怪他人？

有句老掉牙的英文谚语：No pains, no gains。

没有疼痛，哪来成长？当我决定开始正视那个"强说愁"的自己，正视那些我讨厌其实是逃避的东西。我觉得我比以前更加勇敢，这种勇敢不是固执己见的孤勇，而是敢于直面痛苦的坚韧，未来的路上，妖魔鬼怪还是很多，我选择打怪升级，而不是躲避修禅。

因为我开始明白，想要真正懂得那些人生道理，一定需要在红尘中摸爬滚打，跟跄前行，切身体会过伤害，感受过温暖，才能拥有镌刻在生命里的字字带血、句句是泪的人生真言。

而这一切,都需要你大胆地跳出框架,正视痛苦,尝试未知,去挑战那个畏畏缩缩不敢前行的自己。

有句话我很喜欢:人生不妨大胆一点,反正只有一次。

想要成功，
就拿出一点魄力来

我有很多想做的事，想实现的梦想。

有时，我很想去闯一闯，看看自己的能耐。

但是我又担心，怕这种选择太冲动，太不实际，没有考虑到工作赚钱最重要，而且没有什么比有一份稳定工作更有保障。

但扪心自问，我想我是害怕"失败"。

如果，我为了证明自己可以得到想要的人生，为了实现想看见的自己，结果到头来却一事无成，那我一定会被当成笑话。

这种期待自己有所不同，又害怕自己一事无成的情绪，总是纠缠着我，来来去去在我脑海中摆荡。

许多人都曾在与我咨商的历程中告诉我，他们难以做出选择是因为无法确定哪种选择可以确保将来的美好结果。而所谓的美好结果，对大多数人而言就是能确保未来能获得主流价值认可的好结果：好的关系、好的成就、好的职位、好的学历、好的发展、好的成果。并且，这些好的结果能为他们带来成功，令他人欣羡或满意。

如果，我们做一个选择，没有承担非预期结果的勇气，也没有支持自己做出选择的魄力，那事实上我们就很难做出选择。因为我们只要"全好"的结果，而拒绝接受"非预期"结果的可能。

可是，这个现实的世界，并非总能如我们心意地前行及发展，我们能尽己之力，却不能控制世界及他人，一旦我们要求这世界都能尽如我意时，就是进入一个不合理的期待，不仅会让我们自己经历难以控制环境（包括他人）的焦虑感，更可能使我们强迫性地要求人、事、物，照着我们的规划及意念前行。

即便因极度焦虑而强迫性地控制外在环境及他人，要想所有情况都照我们的意图及规划实现，仍然非常困难。还是会有些许落差、失误或是非预期的阻碍或意外。

因此，能承担选择的后果，便是连这些落差、失误，及非预期的阻碍或意外，都一起承担。无论是什么处境，什么情况，因为都是选择后的代价，那么，就让自己面对、了解、经历、学习，妥善处理。

佛洛姆是世界著名的社会心理学家、心理分析师、哲学家，以及人文主义者。佛洛姆表示，在一个以"拥有"为取向的社会里，人往往会以为，不论是人或是物，都是可占为己有的东西。一个人的幸福感，因此建构于能拥有"某某人"，或是占有、赢得物品，尤其在占有和赢得更多的物品之上。

佛洛姆指出，这个以"拥有"为中心的社会是不健康的，因为这种幸福感将随着失去某人或在无法占有想要的物品时消失。人往往也因此而陷落，甚至精神崩溃。

在佛洛姆的观点里，他鼓励人为自我存在的实现付出行动。但是，如果建立在获得更多"拥有"的目的上，人与人之间的关系也将充满敌对，因为人们以为，只有在超越他人，拥有比别人更多、更好的事物时，才能得到无穷尽的幸福。

这是一个谬思。

只建立在"拥有"目的上的幸福人生，其实是将人逼到不断竞争、努力，获取更多，再更多的路上。但是，一旦遇到失去、跌落、挫败的状况，我们却不懂视之为一种同样正常的人生经验，反而因此贬抑自己、否定自己，然后懊悔、焦虑、羞愧、忧郁、沮丧，并加深自己是一个"失败者"的印记，更加恐惧下一次的失误。

为了避免下一次的失败及挫折，人们拒绝尝试任何新体验，也拒绝为自己做出选择。因为在所有"选择"中，都包含"失去"及"落空"的可能。于是，如果无法确定结果是我所期待的，那么我宁愿不去尝试、不去经历。"选择"也变得不必要。

有选择就有承担。但是人们为了避免承担选择后的代价或是责任，便会抛弃个体自由意识的选择自由。

人往往有一种倾向，这也是幼稚心智未转化的现象，就是：我要做我想要的选择，但是我希望他人来为我承担代价与后果。

这种拒绝为生命的选择承担压力及责任，不仅容易使自己听命于他人，让别人来担负我的生命责任，还容易让自己陷于不满及委屈中（他人对我的安排总不如我意）。

这个现实的世界，没有人会一直为了满足我们的想要及需要，而始终存在、始终供应，并负责满足。那只是一个小孩子对父母是万能且强大的想象所投射而出的需求幻想。

人在成长为真实自我的过程中，势必会有与他人期待不同的时候。也可能和主流认同的价值相违背。如果我们只关注如何达成外在环境的要求，那么我们的内心真实声音，就很容易被消音，会越来越微弱。如此，内心支持自己的力量也就无法强壮起来。当面临必须要有所选择的时刻，我们便会因为内在的软弱无力及巨大的不安及恐惧而背弃自己的声音，选择顺应外界。

然而，就算我们顺应了外界，认同他人的意见及价值观，这也仍是一种

"选择"。这一份选择也是出于自己的意念。那么，这份选择的后果便仍是自己需要承担的。而不应该成为在委屈不满时，怪罪他人的借口。

所有的决定不论是顺应他人或尊重自己，不论是保守不动或是冒险突破，不论是向左向右，你都做了"选择"。所以没有什么情况，能让我们完完全全将责任归咎于他人。

如果回避了面对自己的选择，否认自己也有需要负责的部分，我们便会进入"受害者模式"，一直寻找我们可以控诉及怪罪的对象，进而把自己需负责的部分掩藏及合理化，把自己"正确化"及"无辜化"。

这种否认自己有选择权的认知，能让我们一直处于"不需为自己生命负责任"的位置上，只要我们重复声明："当初都是你要我……""当初都是你说……我才……""当初我没有想太多，都是听你的……"放弃为自己思考，回避为自己的选择负起责任，一旦有所不满或不符合期待，我们势必会找到代罪羔羊，来指责及控诉。

但他人又岂会甘心乐意地接受指责及控诉？

可想而知，我们的生命中会充满混乱的情绪纠结，在相互控诉及指责中乌烟瘴气，也进入一种各说各有理，却无法对焦的不良互动中。

生命的方向，是要让我们学会如何做选择，有益于自己，成就自己，而不是找到他人来怪罪及负责。

我们无法如此要求他人，来背负我们的生命责任；如同他人无法要求我们，来背负他的生命责任。当你一厢情愿地想解救他人的生命处境，在这段关系中，恐怕已进入"拯救情结"的漩涡。

拯救者，以为自己是超人、是强者，可以拯救人避免失落及痛苦的生命处境，而忽略自己的有限性及不可承担之处。不仅混乱了人我关系的界线，也漠视了对方的能力及自我责任，自顾自地认为自己有责任让对方开心及满足。

然而，不出多久，"拯救情结"就会让关系更加混乱，情感纠结拉扯，还有理不清的沉重压力，累积到最后会是茫然不知该如何的无助感及疲惫感。

所以，没有人真的可以为另一个人的生命负起全责。当一个人倾向否认自己有所选择时，也回避了自己对生命处境的选择责任，没有人可以始终存在，为其背负罪魁祸首的罪名。

在成长过程中，我们都需要认清，自己人生这一趟，走到最后一刻，真正能负责，也给予交代的，只有自己。

别随随便便就放过了自己

[1]

读高中时，班里有一个另类的"牛人"。他每天脚踝绑着沙袋，一路跑到学校，到教室的时间夏天是6点30分左右，冬天是6点45分左右，放学后再负重跑回去。整整三年，他都是这么过来的，风雨无阻，雷打不动。

那会儿，大家都觉着这家伙是铁人，每天那么多功课压得人都透不过气了，还有时间负重拉练，真是不嫌累。大家早就知道他是体育特长生，但没人关注他练的是什么，他也不说。到毕业前夕的聚会上，班主任让他来一段表演，我们这些自诩聪明的懒人，真真被他的表演亮瞎了眼。原来，这哥们儿练的竟然是太极拳！

虽然我对太极拳一窍不通，可他的一招一式着实让在场的所有同学都感受到了太极的魅力，真的是刚柔并济、行云流水，急缓相间、收放自如。高中三年，他的学习成绩只是中等，且属于天资不太聪明的，偶尔向老师提问，让老师都摸不着头脑，不知如何作答。多数时间，大家只是觉得他憨厚可爱，总是拿他打趣。可是那一天，他却用完美的太极表演，堵住了一张张嘲弄调侃他的嘴。

在那一刻，有多少人涌起了自愧不如的感觉，我不得而知。我所知道的是，那个眼睛笑眯眯的，像阿甘一样每天奔跑的憨厚男生，在我心中的形象瞬间高大起来，我对他产生了强烈的敬意。

三年来，在没有人监督的情况下，他靠着强大的自律克服懒惰、懈怠，排除恶劣天气的干扰，默默地为了心中的目标去努力，不消耗时间与人争论，不浪费精力做无谓的解释。高考之后，他以优秀的专业成绩和高出录取分数线的文化课成绩，考进了理想的大学。

那一届的同学里，比他天资高的大有人在，想走体育特长生的也很多，可最终能在所选专业上考出好成绩且拿到奖项的人，屈指可数。衡量一个人优秀与否，不只是看他本身具备什么样的才华，还要看他能在多大程度上克制自己。没有自制力的人，是不配谈理想的。

[2]

瑶瑶以前是专业运动员，练过全能五项和游泳，曾经去法国参加过比赛。后来，因为运动负伤，无法再继续训练，就退役了。她跟我说，训练最狠的时候，整个人会一下子掉两三斤的体重，基本上每天过的都是"苦行僧"一般的日子。

退役后，没有了硬性的训练安排，也没有了教练的严苛要求，瑶瑶却一直在坚持锻炼。除了户外骑行和游泳，她选择在健身房慢跑90分钟，再上一节瑜伽或普拉提。我在健身房认识她的时候，她已经在那里坚持练了两年。

瑶瑶说，有的运动员退役后，彻底抛弃了运动。结果，体重暴涨，身材走样，机体出现了诸多的毛病。选择自主锻炼，是为了让身体逐渐适应缓慢下来的节奏，避免在宽松的环境下暴饮暴食。只要这件事对自己是有益的，就算没有人要求你、监督你，也要自觉地去做，必要的时候，还得开启"把自己逼疯"的模式。现在的瑶瑶，被原来的运动队返聘做游泳教练，虽不是专业运动员了，可一样在喜欢的领域发挥着自己的特长。

向来不喜欢去谈高大上的励志人物，自己觉着远，听的人也觉得远。其实，就在那些离我们很近的人身上，往往就能领悟到优秀的意义。优秀的人，无论环境多宽裕、多舒适，都会对自己有所要求，时刻保持一种自律的气质。在短时间内，这种自律所带来的变化微乎其微，但假以时日，却能让自己与周围的人拉开长长的距离，收获一份惊喜。

[3]

卡卡姐是我在职场里遇见的第一位导师。称她为导师，只因在她身上看到了珍贵的东西。

任何公司都有偷奸耍滑的人存在，领导安排了什么就做什么，马马虎虎交差就行，多一点儿都不愿意主动去做。卡卡姐不一样，她给自己定的标准从来都是超出合格线的。就拿做报表来说，不是随便把数据一堆，确认没什么问题就交差，她会考虑：报表是否一目了然，是否还有修改的空间，能不能换一种更直观的方式来表现，从数据中能总结出什么。

这些事情没有人要求她，就算不去做，也没什么大问题。可卡卡姐却说，你要想做得比别人好，就不能只求达标，得给自己定个高标准，这样才有学习的动力，保持清醒的头脑，知不足而后起直追。要是什么事都只求一个"混"字，迟早有你混不下去那天。

卡卡姐只比我大三岁，销售业绩却很棒，后来还成了公司里最年轻的培训讲师。在新来的同事眼里，这姑娘是领导跟前的红人，是公司里拿奖金数一数二的主。而我眼里的卡卡姐，是那个把客户回访和追踪做得最详细的业务员，是下班后还在整理培训素材、制作PPT的好讲师，是周末还不忘充电和锻炼的达人。

[4]

那天，我在网上看到一幅雕塑画，上身是一个穿着运动背心、露出人鱼线的美少女，下身是露出肥胖纹和脂肪的笨重双腿，那姑娘的手里拿着锤子和凿子，正朝着肥胖的地方一点点雕琢。这画面印在我脑子里，久久不曾散去。

当一个人对自己没有要求的时候，他就没有资格对世界提出要求。每一个优秀的人，都不是与生俱来带着光环的，也不一定是比别人幸运，恰逢了更好的机遇。他们只是在任何一件小事上，都对自己有所要求，不因舒适而散漫放纵，不因辛苦而放弃追求。雕塑自己的过程，必定伴随着疼痛与辛苦，可那一锤一凿的自我敲打，终究能让我们收获一个更好的自己。

你还把自己当个孩子吗

我对于钱的渴望越来越强烈了，我觉得钱和空气阳光一样重要。

[更自由的消费选择]

去商场买衣服，看上了一个款式的夹克，一个是蓝色，一个是红色，两个颜色都喜欢，纠结了半天，多半的时间不是试衣服，而是权衡买哪个更合适，穿上更好看，其实呢，两件穿上感觉都好看。

然而，这么点工资，只能选择一个。

最后只能自我安慰，说蓝色穿上更好看点，买了蓝色，实际上，红色穿上也挺好。

如果有钱，两件都买了，换着穿，何苦这么纠结。

所以有句话说的很好，哪有什么选择恐惧症，还不是因为穷。

要想过上买买买的生活，就得先能赚赚赚。

良好的经济基础，能让我们的消费选择更加自由。

[为子女预留充足的教育基金，让子女享受优质教育]

如果你爱你的闺女，爱的你儿子，并不是给他们买一个洋娃娃，一个玩具枪就行了。

某一天，你乖巧的女儿，对音乐表现出了极大的天赋，而且有一双修长的适合弹钢琴的手，她想要一架钢琴，还想请一个钢琴老师，一架钢琴需要5万元，钢琴老师一个小时授课300元。

你会怎么办，会舍得因为没钱让宝贝女儿的梦想破灭吗？

如果你的儿子，对美术表现出了爱好，画画材料是个消耗品，画纸，画笔，各种颜料，更不用说请老师，参加培训班，花费都不少。

看过某档亲子节目的应该都知道，节目中几个小孩的英语口语很流利，据网上说，他们上的是国际学校，全英文教学，一年学费十几万。

爱孩子，就给他们提供良好的教育基金，让他们能够受到良好的教育。

[为父母准备健康基金，让父母有病可医]

假设，有一天，父母年纪大了，生病了，需要支付高昂的费用。

作为子女，能不能承担起这份责任，让父母住上好的医院，得到专业的检查和医治，而不是将疾病拖延。

我一次感冒了，去一趟医院，随便就花了上百块钱，更不用说其他更复杂的病。

人年纪大了，难免会出现各种毛病，父母的健康问题，值得关注。

孝顺父母，作为子女，最起码的一个责任，就是让父母有病可医。

[具备应对突发风险的能力]

无论是天灾还是人祸。

有一定的经济基础，就有了抵抗这些风险的能力，不至于被这些风险打倒了，不能翻身。

举一个例子，假如哪一天所在的公司倒闭了，如果有丰足的存款，就不至于让家人和孩子的正常生活受到多大的影响。

对于自己，也有机会翻身，重新开始，不至于生活陷入困顿。

这些风险可能永远不会发生，但是万一发生了，我们应该有一定的抗风险能力。

[早点让父母停止工作，安享晚年]

一部分人的父母，退休了，可能还在到处打工，也可能还在田地辛苦劳作，并没有休息。

可能有些人会说，我爸是个勤快人，闲不住，他喜欢工作。

如果真有人这样想的话，我就不得不严肃地告诉你，你爸绝对不是闲不住，而是因为你太穷，他从你身上看不到希望，看不到未来，所以他才会年过半百后，还这么拼命地工作，一来为了自己养老有个保障，二来也能给你点钱。

他之所以说自己闲不住，只是为了给你留点脸面。你爸要是在你身上看到了希望，得到了足够的安全感，那么他一定会和隔壁老王一样，养养花，遛遛狗，喝喝茶，而不是顶着炎炎烈日去工作。

所以，为了我们的父母能早点卸下担子，我们要努力地赚钱。

[受人尊重，具有一定的社会地位]

我可以很俗地讲，有钱人真的容易受到尊重，当然这些钱指的是取之有道的钱。

譬如马云，马化腾，王健林……

有一定的经济基础，就会有一定的社会影响力。

除了这些超级土豪外，对于一般的人而言，有钱人也容易受到尊重，有人可能不同意这一点，但就我这个俗人而言，对于超级有钱人，我还是崇拜和尊重的，因为有钱从另外一个方面就反映他的魄力和智慧，是优秀和成功人士，这样优秀的人，是值得尊重的。

[能坚持自己需要一定经济基础的爱好]

有些人有玩古董的爱好，有的人喜欢名表，有的人喜欢豪车。

譬如我就喜欢跑车，可是呢，至今连一个二手奥拓都买不起。

要是哪一天，有钱了，看见喜欢的跑车，就买买买。

一些需要经济基础的爱好，如果不想让这些爱好成为泡沫，那只能拼命赚钱了。

[能来一场说走就走的旅行]

追求诗和远方，是许多人的梦想。

先不论诗和远方深层次的含义，就单纯地理解成出行吧。

很多人是喜欢旅行的，我也是。

看没看过的风景，吃没吃过的美食，见没见过的人，何其快哉。

在路上，是许多人的梦想，去看看祖国的山山水水，世界各地的风土人情。

许多人的终极大梦想就是环球旅行，但是可能局限于时间和资金。

如果有了钱，就能来一场说走就走的旅行。

俗话说，钱不是万能的，但没有钱是万万不能的。

努力赚钱，是为了更好地爱自己，也是为了有能力爱身边的亲人。

如果你也和我一样爱钱，那么就立即、马上，开始努力工作，让自己的工作更上一层楼，得到领导的赏识，得以晋升，拿到更多的奖金。

如果你也和我一样爱钱，那么就从现在开始学习，学习那些对你有用的知识，充实自己，让自己值钱，才能多赚钱，才能让父母的担子卸下来，因为我们已经到了肩负家庭担子的时间了，别当自己还是孩子了。

人生有无数可能，别紧盯着一个不放

[1]

刷朋友圈的时候，不经意中看到了浩祺的一条信息。他在朋友圈里写道："生活这家伙，对我充满了敌意！"

浩祺是我的学弟，印象中是个积极乐观的男生，所以我看到他发这样的话，很是吃惊。经过询问，才知道是受了情伤——几乎快要谈婚论嫁的女友，突然就屈服了家人的意愿，嫁入了"豪门"。

我对浩祺说："把那些展示你脆弱的东西都删了吧！"

浩祺锁着眉头说："可我好恨啊！我好不甘心啊！为了她，我可以放弃一切的，可她不敢为了我放弃一切！"

我说："恨一下就够了，恨得越多，你的损失越大啊。到最后，你最大的损失不是失去她，而是你用这些既成事实的时光绑架了自己的未来。她只是辜负了你一段情感，你却辜负了自己剩余的时光。"

电影《非诚勿扰》里有段经典台词：我走遍了祖国的大好河山之后，总算想明白了，失恋不可怕，有眼无珠不可怕，看不清人不可怕。可怕的是你拿着一堆垃圾非要当成潜力股，还捧在手心里使劲地惋惜。这就跟你得了流行感冒一样，难过之后需要增强的是免疫力；而不是一边痛苦，一边非要作践你自己。

失去一个人，真的不是世界末日，最多只能算是加长版的重感冒。这一刻你再怎么难受，再怎么歇斯底里都算正常，但在时间的呵护下，病还是会好的，伤痛也终究会散去。

想要把自己从绝望的情绪里拯救出来，最终还得靠自己。没有人能够带你走出一场浩劫，自怜是最没有意义的。

自怜能说明什么呢？除了你什么都想要的贪，还有你鼠目寸光的懒。

恋爱时最可笑的事情就是，他才陪你去了一次公园，给你做了一顿饭，跟你说了一句晚安，他就成了"对我最好的人"了；失恋时最滑稽的一句话就是"我再也遇不到对我这么好的人了"。

哪有那么多"最好"的人。你才见过几个人？

所有初始时就觉得惊艳的感觉，都可以归结为见识少。

其实，世界没有你说的那么荒唐，也不会太好；感情没有你鄙夷的那般不堪，也不是那么美妙。如果你总是沦陷在悲伤的井底，你就看不到外面的阳光明媚；如果你总是把自己锁在幸福的幻觉里，你就看不出现实的残酷。

当你往后站一步，以更大的视角看整个人生时，你就会发现，从前和以后遇见的人都很多，总得经历几次，才能成熟一些。毕竟离开的只是风景，留下的才是人生。

怕就怕，你既看不到希望的岸，也观望不到幸福的岛屿，而只好任由自己在伤心的海里溺亡。

我想提醒你的是，生活是个冷漠的编剧，它不会因为你多给自己加了悲伤的戏份，就多付给你片酬。情场本就是一个泪流成河的沙场，你最该关心并思考的是前方的路该如何继续。

失恋也好，挫败也罢，真正摆脱它的方式不是躲避，不是试图忘记，更不是丑化对方，而是接受结果——它已经发生了，你只需从它那里汲取完经验，再给它鞠个躬，就要赶赴下一段旅程。

再说了，你们只是一起走过一段路而已，何必把怀念弄得比经过还长？

[2]

有一阵子特别迷法律，便在微信里加了几位法律专业的大学生，艾伦就是其中一位。然而，这位在朋友圈里晒了无数帅气写真的男孩的签名上赫然地写着："毕业了绝对不做律师，绝不干那种替恶人维权，帮坏男人办离婚案的事儿。"

我就私信问他："你见过律师替恶人维权，那你也该知道还有很多是替弱者维权的啊？你见过律师替坏男人办离婚，那你也该知道很多被家暴的女人需要维权啊？"

他回复我："你说的是少数，多数情况下，是恶人、坏人才有钱请律师，还请的是大律师。我以后当律师，无非是两种结局，一种是被迫替这帮坏人打官司；另一种就是帮弱者打官司，然后不得不面对一帮成精了的大律师。那还不如不干了。"

我没有再跟他聊了，因为我知道，他对这个社会已经有了固有的判断。再多说一句，不过是互相嫌弃罢了。就好像说，他偏要说一加一等于三，我只会感到怜悯，而不是愤怒。

生活中类似的例子还有很多，比如，"你是心理学专业的吧？你能催眠我吗？""我最讨厌上海人了，都是小气鬼。"再比如，谈到东北人，就有人说"东北人豪爽"；谈到日本人，就有人说"没有一个好东西"……

下这些结论的人，无非是凭着一点点道听途说，零星的读书看报，荒唐的电视剧情，以及毫无根据的人云亦云，就妄下结论！

圣哲曾说"识不足则多虑"。意思是说，如果你的见识不足，就会难以决断，接着就会思虑过度、担忧狐疑、没有安全感……换言之，多思多虑、惶恐不安的生活并不是外界给你的，而是你自己见识少造成的。

因为见识少，你才会随意评断一个人，才会受限于一段扭曲的感情……你就很难理解世界的不公平，也接受不了失去，更不会明白努力的意义。

你可以不是那个最有见识的人，但千万千万，不要成为最没见识的那一类。

[3]

如果说，一个人来到这个世上，总是会发出与旁人不一样的光。那么R身上的光必定是电焊级的——既刺眼，还扰民！

R是我的老乡兼室友，为人没有坏心眼，可总是一幅怨气满满的样子。谁要是感慨了一下新上映的4D电影效果好，R就会说："去年我也看过一次，没什么效果啊，就是糊弄人，圈钱罢了！"谁要是说："马尔代夫的海水太美了"，R就会说："中国也有海啊，干嘛要出国？爱国不能只是嘴巴说呀！"

R不喜欢国产剧，谁要是说哪部剧好看，他就会嗤之以鼻："这种剧你也追得下去？"他自己不看足球，谁要是替足球喝个彩，他就会很不屑地说："踢那么烂，你也看呐？"

R活得就像一个行走的负能量蓄电池！

对于R这样的人，我只想说，你自己的心里空无一物，才会怨气满满；你什么都不相信，才会绝望不断。

实际情况是，这世界并非完美，也远没有你说的那么糟糕，只不过是你未曾见过好的罢了。

你每天活动的区域仅限于你所在的小区，那么你怎么判断别处没有更好的公园和很棒的运动会所？

你的英语词汇量只有100，你又如何理解得了词汇量达到10000的人描绘的美好世界？

我的建议是，当你在判断某件事不好、没希望、没结果的时候，当你在判定某个人不善良、没前途、不可靠的时候，请先反思一下自己，是不是因为自己的见识太少，或者看东西的层次不够？

如果你仅仅凭借自己那些浅薄的、低层次的经验和认知，就去作出一脸成熟的评判，对结果、对真相都是不公平的。

只有当你攒够了见识，你才有资格对别人下判断，你才会意识到世界其实比你想象的要大得多，你就不会蜷缩在自己的小圈子里生锈、发霉。

喝过几次低端进口红酒，就断定顶级的洋酒不好喝；读过几本不加甄选的烂书，就信了别人的"读书无用论"；见过几个贪财的女孩，就说所有的女子都物质；因为遇人不淑，就判定世界没有真爱；升职没他的份，就说是别人有关系……在这样的人心里，世界是灰暗的，人心是卑鄙的。

但可笑的是，这样的人既不甘心认宰，却又学不会提防。于是，一边消极地生活，一边"努力认真"地把这些消极情绪塞给身边的人；自己的日子过得昏昏沉沉，无聊乏味，还把身边的环境也搅得昏天暗地。

其实，人生是一个打开再合拢的过程。年轻的时候，你只有打开了自己的人生，拓宽了自己的视野，看到生活不同的可能性，才会明白什么样的人生是适合自己的，是自己最想要的。

人生旅行最惨的结局是：你都快到终点站了，还没明白自己为什么要上这趟车。

你连自律都不行还想成功

我的一位女性朋友自从开始健身后，就常常跟我分享她健身方面的事情。比如私人教练的费用昂贵。一周她要去健身房三次，每次都累得跟狗一样。还有教练让她做到了很多以前她觉得根本做不到的事情，像扛着30kg杠铃做深蹲之类的。

让我印象深刻的是，她说起另一位与她一起健身的小伙伴。比她胖，但是上健身房的次数却比她少。去了一次因为太累就休息了一整周。健身完就跑去大吃一顿。明明可以走路回去却要打车走。而我的这位朋友不仅按时上健身房，还控制饮食，坚持运动。结果大家都猜得到：朋友瘦身成功，身体曲线开始展露，身材越来越赞，和她一起健身的小伙伴则改变不大。

听完她的分享，我的第一个反应是"坚持、毅力"之类的，然后就是"有钱又有闲的人呐！"我自己跑步多年，今年开始练习瑜伽，无论是跑步还是练习瑜伽，想要长期坚持并不是一件容易的事情。因为你常常要和身体的不舒适甚至痛苦待在一起。就像我的瑜伽老师每次上课都会说这样一句话：做这个体式时，如果你感觉到身体的哪一部分疼痛，请带着呼吸跟这个疼痛待在一起。

除此之外，你买锻炼的装备也需要花不少钱，比如跑鞋，GPS跑表，运动服装，瑜伽垫等。我不是一个装备控，但是花在运动装备上的钱已经有几千了。不少"装备控"，和"比赛控"，他们除了花大量的银子，还花了很多精力学习与运动有关的知识，比如"耐力运动员的饮食"、"新手如何制定马拉松备战计划"等。

如果你要找专业人士指导你运动的话，费用近年也在不断上涨。一位跑马拉松的朋友告诉我，他如果陪人进行跑步练习，一节课的费用是500元左右。所以无论是运动本身还是买装备，学习运动知识，都需要金钱和时间的支撑。

一位当健身教练的朋友，曾和我说过这样一段话：肌肉这东西可不是乳沟，你随便挤挤就有的，你得花大把的时间在运动上，要坚持不懈地运动，要注重饮食，配合着吃八百块一桶的蛋白粉，也许你还需要另外花大把的银子请私人教练，才能拥有那么几块漂亮的肌肉。

听起来，运动这事情似乎总跟时间和金钱脱不了关系，还跟强大的自律和意志力密切相关。由此我得出一个推论：好身材也许就像奢侈品，并非大多数人能够拥有。或者说得更直接一点，好身材是属于富人阶级的。这里的"富人阶级"不仅仅是有钱人，他们还是时间和精力上的富人。我称他们为"真正的富人"。

为了证明我的推论，我举英国纪录片《人生七年》为例。导演选择了14个不同阶层的孩子进行跟踪拍摄，一些来自保育院，一些是工薪阶层之子，一些则是上流社会的后代。每七年，他们的生活都将被追踪记录一次，从7岁开始，一直到第八个七年的56岁。

导演拍此片最初的目的，也许是想表达英国社会阶级难以逾越，贫富分化，阶级分明，穷人的孩子会继续穷下去，富人的孩子依然是富人这一社会现实。这部片子现在拍到他们知天命的年纪，也确实符合了导演的看法：大多数人的人生是一张测绘好的地图。只有一两个孩子改变了自己的命运，其中一个名叫尼克的农家子弟，他考取了牛津大学，后来移民到了美国，成为了著名大学的教授，顺利成为精英阶级的一员。

这部纪录片，让当时的我挺受震撼，更重要的是我发现一件很有趣的事情。我发现这些人在三十岁之前的变化并不大。7岁的孩子大多都是天真可爱的，二十几岁时，女孩都年轻漂亮，男孩都英俊帅气，但是在三十岁之后，他们发生了相当剧烈的变化，其中之一就是身材。

穷人开始发胖变秃，面容憔悴，20多岁的俊俏模样一去不复返，身材长相都长残了，生活也越来越糟糕，他们生下的孩子也是年纪轻轻却很肥胖。而富人们依然保持着良好的身材，体型修长挺拔，他们甚至比年轻时候的自己看起来更有风度，更优雅，更成熟，更有魅力。尤其是女性，她们不仅身材好，气质上也显得高贵优雅。而富人养育的孩子中肥胖的也比较少。

这是不是符合我之前的推论：好身材是属于真正的富人阶级的？

关于这一观点可以有很多的理论解释。解释一是哈佛大学的教授穆来纳森的研究结果："穷人和过于忙碌的人有一个共同思维特质：即注意力被稀缺资源过分占据，引起认知和判断力的全面下降。"

一个穷人或者一个过于忙碌的人，为了解决眼前的问题，满足当下的需求，比如穷人想着下一顿饭在哪里，忙碌的人要赶紧完成最紧急的任务，所以他们没有"带宽"去为将来打算，替自己安排更长远的发展，比如花时间花精力去运动，为了以后拥有一个好身材并一直保持下去。

解释二是意志力的有限性。每个人的意志力是有限的，它有一个固定的量，你从同一个账户提取意志力用于不同的任务。一旦你在A事情上消耗了许多意志力，那么你在B事情上就会力不从心，难以自控。比如穷人因为花太多的意志力在获得下一顿饭上，他就没有意志力用在身形锻炼和饮食控制上了。如果我写了一整天的书稿还做了一顿晚饭，你让我晚上再去跑步，我通常无法做到，因为意志力被消耗光了。

不过心理学家提出了解决办法：降低意志力消耗，提高效率的最重要方法是形成习惯，一件事一旦形成"自动挡"，对意志力的损耗就会比较小。如果我养成跑步的习惯，那么当我跑步时，意志力消耗就会少很多。

也许我还可以用以上的两个解释，反过来说明为什么有的人原来跟你差不多，都是屌丝，他后来却变得有钱有闲还有好身材。因为他不断努力，拥有良好的习惯，培养起自律自强的精神，让自己拥有更多的"带宽"来面对未来。

比如他能够做到在你刷豆瓣、微博、微信的时候，去学习英语，去看书，去理财；在你冬天睡懒觉的时候，他能早起跑步健身；在你大吃大喝熬夜上网的时候，他能控制饮食，按时睡觉，形成良好的作息……时间一久，他就与你拉开了距离，成了物质和时间上的富人。不是有句话说，你连自己的体重都控制不了，你如何能有毅力去控制人生呢？那些在体重控制方面成功的人，在生活的其他方面是不是也容易获得成功？

我相信那些能够控制住自己体重的人，可能家庭条件会比较好，但更重要的是他们有优秀的习惯，良好的自律与强大的毅力，能够坚持不懈地朝着某一个目标迈进。好身材的背后，极可能是他或她十几年如一日地控制饮食、按时运动、遵守规律的作息。这反映了一个人的自我约束能力。

所以也有人说，好身材是自我修养的外在体现。年纪越大，维持一个好身材就越需要自律精神。这样的自律是一种上升力，需要强大的心智力量来支持。而培养出这样的心智力量，又需要之前许多令人难以想象的付出。所以，那些能够保持好身材的人，值得大家钦佩和学习。也许当你能够拥有好身材的时候，你也正变得有钱和有闲起来了。

不用把自己的
位置放得太低

以前，我看过一篇文章。

作者在里面讲了她在法国留学时候的一件事情。

当时，她去买裤子，走到一家店，拿起一条裤子怯生生地问店员："可以试穿吗？"。

店员态度相当轻蔑，说："可以。"

她试穿后发现不合身，便又去拿了大一号的，再次询问可不可以试穿，店员此时已经超不耐烦了："可以！"

结果仍然不合身。

当她再次拿起大一号的裤子想要试穿时，店员却直接拿走了它，并指着她说："你不可以再试穿了！"

她当时全身冷汗直冒只想钻进地缝，为掩饰窘迫只得买了一条十分昂贵的项链，由此导致的结果是，之后的一个月她只能啃干面包。

其实，发生在法国留学生身上的事，也在我身上发生过。

当年，我还很稚嫩，跑到隔壁寝室借"热得快"。

我很乐观地以为，大家都是热心肠的好同学，帮个忙不过是小CASE。

我忘了平时几乎没和她们交谈过，哪来深厚的同学情谊。

我推开她们寝室的门，一眼看到所有人都戒备地望着我，我突然不知所措了，一下子紧张得不得了，说话的声音变得又细又小：可以借一下你们寝室的"热得快"吗？

没有人理我，她们都诧异地看着我。

我于是更窘迫了。

最后，几个同学冷漠地摇了摇头。

我觉得丢脸无比，不等她们摇完，就飞快逃离了。

回去后我很郁闷，觉得不过就是向她们借一个"热得快"嘛，又不是求她们救命，更不是请她们散钱，至于摆出一副高高在上的姿态吗？

于是我下了结论：她们人品太差了！

后来，当我在社会上累积了一些经验，再回想当初的事情，我才知道，有时候，别人摆出一副高高在上的姿态，还真不是别人的错。

而是你，先把自己摆在了一种低姿态上。

虽然看不见当初自己的样子，但想必是一副畏畏缩缩，尴尬而不自然的表情。

这时，别人看你的眼神冷漠又奇怪，就不足为奇了。

前文提到的法国留学生，也在后来明白了，为什么别人可以不断试穿，而她却要被店员鄙视。

是因为她怯生生的态度，以及对自己的不够重视，都在告诉店员："你可以欺负我！"

生活中常常有这样一类人，他们心地很好，人品也不差。

他们也很聪明，总是费尽了心思，小心翼翼，努力去猜测别人每一句话里的含义，力保自己说出的话，不会得罪所有人。每说错一句话，都会让他们懊恼许久，自责许久。

他们也相当懂礼貌，见到所有人都热情地打招呼，别人也报以微笑，看上去似乎混得还不错。但其实，点头之交，已经是他们和别人关系的极限了。

虽然他们为了考虑每个人的感受，费尽心机，常常弄得自己很累，但结果却总是被所在的群体若有若无地排斥、孤立、冷淡。

像是有一面无形的墙，阻挡住了他们和他人关系更进一步的发展。

所以，一个群体里面，常常是，其他人都已经是交往到一定的深度了，他们还依然和每个人维持在点头之交上。

他们很苦恼，不知到底是哪里出了问题。

说到这里，我觉得有必要讲讲我妈了。

我妈是个社交达人。

在现实生活中混得风生水起。

两年前我才把她从家乡接出来，可现在她对这个城市的熟悉度远远高于我，在这个城市结识的人脉远远高于我。

我现在出门，都要靠她来指点路线。

无论我说的地方有多么偏僻，她都一脸云淡风轻：哦，×××嘛，上次我才和×姐去过，你走哪里哪里就到了。

在这个城里我生存了十年，结果现在她是城市达人，我是外来打工妹。

永远不停有人往我家送礼物。

今天是张姐送了我家牦牛肉，明天是李姐送了我家车厘子，后天是罗姐提上来两篮土鸡蛋……

关键是，我妈既不是土豪，也不身居高位，她就是一个普普通通的中老年妇女，更关键的是，我很少看见她送别人礼物。

可别人就是奇了怪了有好处都要想着她。

我一直觉得她的人格魅力是个谜。

有次就向她请教人格魅力养成大法。

结果她说：一人在群体里面一定要成为特别的所在，不然，别人凭什么记住你呢？别人连记住你都不能，又怎么可能喜欢你呢？

原来我妈无论在哪个群体里面，总是第一个发表意见，她说她才不管她的意见有没有照顾到每个人，有没有令所有人都满意，更重要的不是意见本身，而是说出自己看法这件事。

只有说出了自己真实的看法，你才是最真实的一个人。

在电影中，有很多的群众演员，他们或许出现的频率并不低，但是，你喜欢过哪个？

让我们喜欢，让我们恨的，不总是那活生生的主角和大反派吗？

为什么我们对他们印象深刻？为什么群众演员都是面目模糊？

因为主角们都真实。

他们真实，就在于他们拥有自己鲜明的个性。

在生活中，一个人，如果因为太顾虑别人的看法，而模糊了自己的个性，那么他在别人的眼里，其实就是一个群众演员。

有一句话：有多少人恨你，就有多少人喜欢你。

换句话说，没有人恨的人，肯定是没有人喜欢的。

别人喜欢你，是因为你身上具有的某些特质惹人喜欢。

同样别人讨厌你，也是因为你身上的某些特质让他觉得不爽。

奇特的是，往往一个人身上的同一种特质，有些人就是喜欢，有些人就是讨厌。

如果你害怕被别人讨厌，那也意味着，同时你也拒绝了一些人的喜欢。

其实，你大可不必为了讨好别人，戴上面具。

你企图面面俱到，结果必然面目模糊。

你怪别人记不住你，存在感低，那你要想想，你有没有让别人记住的特点？

你把自己藏在了厚厚的面具里，所以你轻飘飘的就像一个幻影，可有可无。

你费尽心思想要让每一个人都满意，却收效甚微。

因为这个世界上，无论你怎么做，总会有人不满意。

就像我们写文章，你写鸡汤，有人说你媚俗，你写干货，有人说你无趣，你写玄幻网文，有人说你低级，你写严肃文学，有人说你古板，你接地气一点，有人说你像女流氓，你文青一点，有人说你装，你扯淡，有人说你无聊……

你看，永远有人不满意。

那你，何必为了别人的目光，把自己变得如此卑微呢？

讨好别人，迎合别人，别人就会喜欢你？

真相是：你越小心翼翼，越会被别人忽视！

你放低了自己，抬高了别人，他们都看不到你了，何谈喜欢你啊？

就像那个法国留学生和学生时代的我，为什么会那么畏畏缩缩？还不是因为我们太在意别人眼里的自己？

我们生怕说话的声音太大，姿态太高傲，会令对方不喜欢。

于是，我们通过身体语言和说话声音特别强调了对对方的尊重。

然而，太过于尊重，就变成了谦卑，此时，我们已经把对方摆在了过于夸张的高位上，他忽视甚至鄙视我们，也就不足为奇了。

所以，你心地很好，你人品不差，你很聪明。那就别把聪明浪费在面面俱到上了，你又不是人民币。

把你的人品真诚地展现出来，坦坦荡荡做自己，不用怕得罪人，自然就可赢得某些人的喜爱和尊重。至于那些不喜欢你的人，你又何必浪费精力去甩他们呢？

努力并不是一件丢脸的事儿

比起我丑、我胖、我穷、我土、我弱、我二、我内向、我自卑。其实，真正让人难开口的是，我努力。

[1]

听过一个故事。

一个上大二的小姑娘，说她不敢去图书馆上自习，因为每次她要去学习的时候，她们宿舍的五个女生就会说她。

"哇，小莉又要刻苦去啦！"

"小莉，你这是要得一等奖学金的节奏！"

"你要是这学期拿不到奖学金，我都要怀疑人生了！"

小莉低着头道："没有，我是去看闲书，看小说，没学习。"

"我才不信呢，你太刻苦了，哪像我，太懒了。"

"是啊，我要是有你一半努力，上学期就能拿到一等奖学金了，哎，二等奖学金比一等奖学金少一千呢。"

"小莉，和你这个学霸在一个宿舍，我们压力好大的。"

实际上，从大一到大二下学期，小莉一次奖学金都没有得过，哪怕是三等奖学金。而宿舍其他五个女生，都得过奖学金。

小莉真的很想得奖学金，她很努力，不看电影不追剧，一有时间就去图书馆上自习，可是她就是得不到奖学金。

在学校，一定存在那种很努力，但是成绩不是那么好的学生。他们为了能够跟上其他学生的步伐，拼命地学习，但是成绩平平。

小莉在这样的宿舍环境下，本来她可以光明正大地去图书馆上自习，但是她不得不掩饰自己的努力，生怕被别人知道。

有一种伤害是，吹捧成绩不好的人很努力。

希望有一天，小莉可以不用忍受这种伤害，可以义正词严地对她那些舍友说：是啊，我努力，我很努力！

[2]

曾经有一个读者向我取经，问我怎么才能通过英语四级，他被英语四级折磨得很痛苦。

其实我的英语很渣，关于英语学习方法我不能给他太多的指点，只是告诉他把十年真题做上两三遍，把真题里面的单词背熟，通过四级应该问题不大。

聊天的过程中，我才知道，他痛苦的本身并不是英语四级不能过，而是对自己的怀疑，自我否定。

读者说，我已经考了四次英语四级了，但是都没有过，而宿舍的其他人一两次就过了，而且还不怎么备考。

前两次没有过，我就一直告诉自己，我还没有真正努力过，只要我认真复习一次，绝对就能过。

可是，当我认真准备了半年之后，只考了421分，还是没有过，那个时候，我很绝望。

我妈打电话问我英语四级过了没，我说没过，她让我不要打游戏，要好好学习，不然就对不起她们。

我明白读者心中的苦闷，一个人默默努力，但是还被父母误解为不努力学习，更痛苦的是自我怀疑和否定。

我在以前的文章中说过一个观点。

每个成绩不好的孩子，都曾经至少认真努力过一次。他们之所以变得不爱学习了，调皮捣蛋，一定是他们努力后没有取得他们想要的成绩时，父母和老师没有正确地鼓励和善待他们，所以他们就用不听讲，不写作业来捍卫自己的智商，以表现出我之所以成绩不好，是因为我没有认真学习，并不是因为智商的原因。

家长和老师，请您尊重孩子的每一次努力，没有取得好成绩，不等于他们没有努力过。

[3]

想起了自己写小说的事情。

曾经一度迷恋看小说，可以说是痴迷，读了很多的网络小说后，就萌生了自己写的想法，加了几个网络写手群，认识了一群写小说的作者。

看着别人随便一写，就能得到编辑的认可，便能签约。但是我写了五年，也没有签约，我一次次地查资料，分析优秀作品的构架和情节，不断地完善写作大纲。

又一次，我默默写了20万字，我认为这一次肯定能签约，因为我写的真的很用心。

为了准备这20万字，我牺牲了自己很多时间，当我怀着无比期盼和激动的心情把文字投给编辑的时候，一天之后，却收到了拒稿信。

说实话，那个时候，我开始怀疑自己了，我觉得自己可能真的没有写作的天赋，如果再坚持下去，可能就是逆天而为了。

放弃了几个月，没有动笔，但是心中想写一本属于自己的作品的梦想一直没有熄灭。

我又拿起了笔，写到第六年的时候，我顺利签约，书的成绩还可以，算是完成了写一本小说的梦想。

我一直觉得那段写小说的历史，是我人生中熠熠生辉的一段经历，因为那个时候我真的很努力。

之所以写了五年都没有签约，并不是说我不努力，只是积累还不够。

[4]

在前往成功的路上，我们很怕被人说是一个努力的人。这是因为，我们很怕自己明明努力了，但是没有成功，就会被别人认为是智商有问题。

然而，努力是一种美好的品德，它应该暴露在阳光下。

连承认自己努力的勇气都没有，成功怎么放心把它交给你！

我希望，真正努力的人，可以光明、正大、认真、严肃、自豪地说：是啊，我努力！

你的努力会让你成为自己的大英雄

有人问：大学毕业，我是该在京闯荡，还是回乡进体制，哪一种比较好？

我尊重每一种选择。

但如果你来咨询我的意见，我会告诉你：去大城市，去竞争最激烈的地方，去市场化最普及的地方。因为，那里自由多，机会多。

我在体制内待了多年，深知小地方+体制内，对一个年轻人的束缚有多厉害。

一来是薪水，二来是机会，三来是观念。

当时在县城中学，月薪3000+，永远上不去，也下不来。而教了一生的老教师，薪资也不过翻了一两番而已。

也就是说，你卖力与否，优秀与否，一辈子，都不会有太大的区别。

一生都困在四位数里，却要你用半生的激情、斗志与可能来交换，想想也真是亏得很。

可是，当你走出体制，从市场中拿钱，按劳分配，按价值分配，境遇会有什么不同呢？

以朋友圈的几个友人为例。

A离开体制，做IT，薪资是原来的几倍。

B离开体制，做培训班，薪资是原来的十多倍。

C离开体制，做新媒体，薪资是原来的一百倍。

没有一个离开体制的人，是混得比原来差的。

也许有人要说，你举的这些例子里，主人公都是很有本事的人，我又没本事，哪里来的机会？

对此，我想说：1，没本事在体制内也会混得不好；2，在本事均等的情况下，机会当然是大城市比较多。

小地方重人情。

大城市重市场。

重视市场，权力的成分就被削弱，裙带关系的权重会被减轻，你会得到最少的控制，最多的自由。

自由，必然带来机会。

机会，必然带来资本。

资本，又反过来催生自由和机会。

于是，良性循环开始。

在这种地方，你就可以依照契约与规则，创造商品或服务，来赚自己的钱。

同时，自由会带来竞争。它会推着你前行，不断地提高服务，创造更好的商品，回馈给市场。也就是说，它会逼着你成长，而不是纵容你堕落。

但在体制内呢？

一个在事业单位工作了10来年的人说：想想真是吓人，工作半辈子，本事没学到，能力没长进……庸碌辛苦，真没什么太大的意思！

最令人难受的，是体制内盛行的观念。

印象特别深的是，当我工作时，父辈们就一直教我：要学会做人——逢年过节要给领导送礼，要多请领导吃饭，领导有需求不要拒绝，不要管它合理不合理，不要和同事们起纷争，能避就避，要夹着尾巴做人……

那时我觉得，体制内真是没劲啊！

工作以后，则觉得暮气沉沉，壁垒森严。

那种"领导说了算"、"想那么多干嘛，开心就好"、"今晚三缺一，你们谁来啊"……得过且过的氛围，会让你慢慢地也消融在其中，失去进取心。

有人说，清闲的工作，不是刚好可以拿来充电吗？

其实不太可能。

在无压力、无竞争、无激励的情况下，你会觉得，不学习是正常的，反正有饭吃；不努力是正常的，反正有钱拿；不思考是正常的，反正有班上……因此，慵懒和落后成了一种必然。

你就这样浪费着时光，一不小心，就到了中年，然后又将这种落后观念，传承给你的孩子。

有一回，参加一个酒席，一领导坐首席，以一种不可商量的、"老子就是真理"的口吻说："我女儿马上大学毕业了，说想去深圳，说什么那里机会多，我就说，你要去深圳就别认我这个爹，赶紧回县城来，女孩子跑那么远，搞那么辛苦干什么，就应该待在父母身边，再说了，又不是没饭吃，没房住……"

众人称是。

连道：领导真有远见，领导真有大智慧……

有时候很庆幸，我只花了几年时间，就摆脱了这种陈腐观念，坚决地离开。

离开之后，生活焕然一新，金钱、机会与自由，都开始来到生活里，而在存在感与幸福感上，也有了一种更确切的"我活着，我无悔"的感恩之心。

这在以前，想都不敢想。

但是，当你真正做了，才知道，这个可以有！

这个必须有！

时代正在迅猛发展，铁饭碗的概念，已经越来越虚化。

进体制，并不意味着一生安稳，清清闲闲过一生。

它有自己的麻烦，也有自己的危机。

而正在发生的危机是，你在体制内消耗过久，解决危机的能力，正在不知不觉弱化。

当政策来一次大洗牌，当时代来一次大换血，就像九零年代的下岗潮一样，你能否在风起云涌中屹立不倒？

如果不行，请开始反思。

真正的安稳，来自一个人可以自我负责的能力。

一个律师朋友，也是体制内人，但是，一直都有离开之心。连续几年，苦心孤诣地自学法律，考了证，开了事务所，到如今，业绩与影响力都很厉害了。

前几天，他和我说："今年我就会离开！"

我问："不要铁饭碗了？"

他飚了一金句："铁饭碗从来不是体制，而是个人的本事。"

另一个朋友，是一个优秀的摄影师。

今年五六月份，她离开体制，创立了自己的社群和媒体，活得又自由、又富有、又自在。

是啊，当你拥有出色的技能，走遍万水千山，你也不愁吃穿。而时局无论如何动荡，你也可以找到自己的生财之道。

回到文初的问题，如果你还年轻，欲入体制和回乡，请谨慎。

因为，一旦进入，往往难以回头，一生就成定数。

在自由的都市里，人才有不可预测的可能。

你不知道明年命运会给你什么惊喜，不知道后年又有什么际遇，十年后，又会有什么奇迹，在犒劳自己的努力……情节变幻莫测，更像一部永不剧透、永不停播的冒险游戏，一关闯完，你升了一级，再闯一关，再升一级……等到某一天，你举剑四顾，发现自己金甲著身，武功卓绝，已然成为昔日自己所艳羡的英雄。

[受了点委屈
你就要选择投降]

少年时代意气风发，做人说话都难免气盛，接纳现实，承认失败，从天上落到地上，这是一个特别痛苦的过程。

有人用了很短的时间，有人却用了很久……

那么我呢？

如果说去人生地不熟的南方，是我的一个决定的话，我得说这个决定并不冒失。

我大学毕业之前就想：我要走得远一点才行，一来是不给自己想家的机会，二来是断了后路，我才能安下心来。

那时候，北京是我最后的退路。我从一开始就很怕来北京，因为北京离家很近，几个小时的车程，万一受挫了、被骗了，我边哭边坐车回家，估计泪水还没干就到了。

我觉得这不行，你开始不对自己狠一点，后面一定会有更多让你哭的事儿等着你。

这一点，我始终都这么想。

所谓坚强，其实就是你熬过了最难的事儿，那么以后你就会安慰自己：再难也不会比那时候更差了。

经历过最差的低谷，你才有了承受能力，然后爬坡、向上，这都只是一个时间的过程而已。

去南方之后，我的第一个决定就是不同意当时面试的那家学校的霸王条款，这件事的代价就是之后一个月里找不到工作。

幸运不会天天都降临，煎熬、被否定、苦闷、迷茫，甚至金钱上的压力，都是随之而来的连锁反应。

阴错阳差获得的入职机会，总会有一种否极泰来的狂喜。而第一份工作遭遇到了吃不了的苦，一个月只有两天带薪假，还被建议最好不要休息，每天早中晚三班，从上午9点到晚上10点的上班安排，做的不是自己喜欢的设计，而是自己最不擅长的成本预算，整天在各种数字里算来算去，这种看不到希望的坚持，总会让人分分钟想逃离。

当时最大的想法就是，离开这个人生地不熟的地方，离开这个自己不喜欢的职业，哪怕代价大一点都没关系……

北方公司的面试通知带来的是离家近和自己喜欢的设计工作，这个通知宛如天堂来信一般，满足了我所有的许愿。这种盲目欣喜让我忽视了工资少了近一半的差距，还自我催眠说，只要是自己喜欢的，哪怕钱少都可以啊！就这样兴冲冲地回家了……

带着南方几个月的所谓经历以及唯一存下的一点儿车票钱。

其实，那时候没有任何长进。

回来受到的第一次打击就是，公司并不如我想象的大，家族企业注定了没太多的发展空间，同事之间算是和平相处，睡在公司阁楼的地板上，依旧周六、周日无休，每月两天带薪假。

好在因为经历过，所以更能熬得住。

一个月后调往总部，最大的感觉就是人多嘴杂，办公室斗争严重，裙带关系复杂。

住的条件艰苦，专业经验不足，人情交往不到位，被否定，没有自信，严重焦虑，不知道自己的未来在哪里，甚至一度都找不到向上的动力。

所以，现在有的时候，我很理解那些给我写信的朋友的心情，因为我当年也是从这样的迷茫中熬过来的，那时候非常希望有个人陪我说说话，哪怕是骂我、说我没用都好。

那段迷茫期真的非常难熬。

之后遭遇的打击就是发现自己的工资真的很少，以前你觉得为了理想，钱不是问题，后来你才知道，不论啥时候，钱都是个问题。

烧锅炉的老大爷笑着说："啊？你一个月才800元，我一个月还600元呢！咱俩也差不多嘛！"

那个时候，留在心底的不仅仅是失败，更多的是自我厌恶……

之后最大的打击来了……

那是我刚搬到设计室住的时候，虽然那儿暖气充足，但是要早早起来，以防别的同事来设计室自己还没起床，那会很尴尬。

起床之后，洗漱完毕，食堂的饭菜都还没有好，我就利用这段时间去跑步锻炼，这本来是个无心的动作，却被公司的总经理看在眼里。

公司的总经理是董事长爱人的姐姐，当初也是她把我招聘进来的。

某一天，她一早找我，说有点儿事儿交代我办。我当时还猜想，是不是看我最近很努力，设计稿也被老板频频看中，要给我提前转正加点儿工资。

所有的美梦都是用来被打碎的，异想天开最适合的就是冷水浇头。

总经理用一副长辈关爱的眼神看着我说："听说你最近每天都起来跑步？"

我点点头说："嗯，最近因为搬到设计室去住了，所以早点儿起来，别耽误大家工作；另外是觉得冬天多运动一下，省得感冒。"

"那么我有个事儿可能要拜托你一下。"

"啥事儿？您直说就可以。"

"咱们公司烧锅炉的那个老大爷，最近因为快过年了，所以提早回家了，现在锅炉都是老张帮忙照看。"老张是我们老板的司机，平日里还帮着处理一些送货之类的杂事儿。

"我看你这孩子也勤快，最近起得又早，本来烧锅炉的大爷每天早晨还负责把咱楼下的自行车摆好。咱工厂女工多，几百口人，人人都不自觉，弄得那车棚特别乱。你看你现在反正早晨也没事儿，就帮着摆一下自行车，等年后烧锅炉的老头儿回来再替你。"总经理一副慈眉善目的表情说着这事儿，我听后的第一感觉就是屈辱。

你会有那种感觉吗？尤其是在才毕业，刚刚工作的前期，你总会觉得为什么这个世界上会有那么多"不公平"！

前一阶段有个网友给我写信，说她进公司之后，发现自己没有工位，被安排到打印机旁边，和一堆废纸坐在一起，她觉得自己好像低人一等。

我说，我特别理解那种感受……

有时候，正是因为我们知道自己是新人，自己什么都没有，所以才会更渴望遇到一个积极向上的领导，一个和谐温暖的环境，一份维持温饱的工作，一个相对公平的待遇。

我们总是觉得自己要得并不多，而生活总是一次又一次地告诉我们，其实我们索要的这些都是奢望。

正是因为什么都没有，所以才更怕被人看不起。

我忘记了我当时是以什么样的表情点头的。

我这人个性很懦弱，尤其是当时又没什么自信，我不敢去顶撞领导，说我不做这个。

但是真的去做的时候，我又觉得厌恶得不行。

我是全公司唯一的本科毕业生，其他的两个设计师一个是专科毕业，一个是成人自考的学历。工人们都觉得我们做设计的很神秘，整天不用干活，只是画几笔就可以获得认可，现在被使唤得和劳力没什么区别。我内心里那一点儿小小的骄傲，终于在这个命令面前变成了齑粉。

我记得第二天下楼的时候，有的职工骑着自行车来，看到我在摆自行车都很诧异地问我，开始的时候我还解释，渐渐地，就索性说："唉！领导让干啥，咱就干啥呗。还好没让我去烧锅炉！"

就是在那个时候，我决定离开那儿，等到一个合适的机会，我一定会走！因为这里不尊重我。

新人在怀揣玻璃心的时代，总会强调一个词，就是"尊重"。其实那些是当你面向社会的时候，留给自己的最后一小块遮羞布，而生活往往会展现它最残酷的一面，将它彻底撕掉。

你终究要学会坦然、赤裸地活着。

放弃自尊也好，委屈妥协也罢，其实这并不是所谓的打击，而是一种磨炼。

因为你要面对的是残酷生活的本身。

它，就是这样，你不让自己强大，就没办法在这个尔虞我诈、竞争惨烈、残酷和温情并存的世界里生活。

扛得住原来你接受不了的，这就是长大。

后来，我在广告公司也遇到过一个实习生有类似的情况。因为她辈分最小、经验最少，所以大家加班的时候很喜欢让她去订餐。直到有一次，她忽然一脸阴郁，眼含泪水地反抗说："我不做！我是来实习的，不是来给你们买盒饭的！凭什么让我做？我不做。"

瞬间，大家都很尴尬。几个同事都诧异地看着她，后来，其中一个同事哈哈干笑了一下说："来来来！今天我请客，大家想吃什么告诉我，我去买……"

第二天，那个实习生没来上班。她决定放弃这里，不再来了。

很多前辈也许会说，订个饭而已！又不是要你请客，而且你还可以借机了解一下每个人的口味，举手之劳嘛！这不是挺好嘛，这就是新人，太矫情了。

我自己因为早年有过这种"屈辱"的经历，所以我深深地理解她的心理活动，但是又觉得她失去这个机会有点儿可惜……

每个人都希望初入职场就能受到善待，被人肯定、被人夸奖、被人教导，但是总会有被骂、被责罚，甚至被冤枉的时候。这些就是生活这个残酷的家伙，拿着小锤一点一点地敲打着你的心，总要把你最脆弱的部分打碎，你才能逐渐学会坚强面对。

有的人很倒霉，他们遇到的是一记重击，之后玻璃心破得粉碎，所以恢复的时间也无比漫长。

有的人很幸运，他们获得的小敲击和赞美是并重的，所以他们往往是边被鼓励，边拔出那些伤害的碎片。

你总要给自己一个破碎再复原的过程。

也许夸奖会让你自信和被肯定，但是，你所有的提高和转变，大多是伴随着失败和屈辱的。

心胸是被委屈撑大的，长大的这条路，委屈是必不可少的调味料。

我在摆自行车的那段日子里，曾无数次地嘟囔着："你觉得你们让一个大学生摆自行车合适吗？你们就是这样尊重人才的吗？"

其实，尊重不是别人给的，是你自己挣来的。

那些尊重不是来自你身后的学历、家长、关系，而是来自你在这里的获得和成绩。

人才是需要价值来体现的，在你还没显示自己价值的时候，你其实就只是一个摆自行车的、订盒饭的。你希望被人重视，那就用行动好好去做！如果你眼下需要这个平台或者看重这个平台，那你只能从最基本的贴票据、订盒饭、买咖啡开始做起……

也许你觉得这些是屈辱，也许你觉得是不尊重，但是如果这些你都忍不了，后面更残酷的人生，你要拿什么来面对呢？

你只能敲碎玻璃心，让自己换个角度去想，熬到那个能体现你实力的机会。等到有一天，大家发现你不但可以订盒饭，还可以提出新的点子，做出完美的执行，拥有一套PPT(演示文稿)美化的法宝，你才能被人肯定和需要。

没人能给你鼓励，你能依赖的只有自己。

用不服输的态度去生活，用委屈撑开心胸去不断长大。

放轻松点，没必要那么较劲

她是业内翘楚，曾将一个网上的热帖发展成一本畅销书，继而衍生出电影，带动周边产品，成为一时话题。

她的家庭也不错。父母安康，孩子可爱，丈夫温柔，各种生活硬件应有尽有。

如果说有什么不完美，大概就是她的过敏体质吧，总长痘。但那痘也不是特别过分，她的下属反而恭维她，"一直活在青春期"。她的外号便是"青春期一姐"。

一段时间内，她给我的印象是"铁打的"。

她常在凌晨3点发布消息，"想到一个绝好的点子"。

产假没休完，她就回单位上班；孩子尚在哺乳期，她需要出差，都有人主动替她挡了，她却出人意料地出现在机场。

"一姐，你简直是100女人，门门课100。"一次闲聊时，我表达了对她的敬佩，"你真拼。"

她接受赞美，一手支额角，一手指自己的胸口，"因为，我总感觉这里有一只小虫子在咬"。

我大吃一惊，拐弯抹角问她，是不是身体出了什么问题。

她挥挥手，谈起她的过往——她曾考过4年大学。前3年不是没考上，而是每次都距她心中最好的那所学校差几分。第一份录取通知书到了，她看都没看就撕掉，家人从垃圾桶中捡起碎片，拼起来，众亲戚传阅，啧啧赞叹，"真有心气"。

他们以她为榜样教育子女，"本省最好的××大学她都不屑一顾，非读国内第一的不可"。

"不是那些大学不好，而是我心里的小虫子会咬我。"她解释给我听。

于是，她在家复习，大门不出，二门不迈；精神高度紧张，头发都掉了好些。

第二年，她踌躇满志；第三年，她志在必得。

造化弄人，考到第四回，她已是全学区的传说；录取通知书到，她复印了很多份，寄给亲朋好友，曾经的老师、同学，"昭告天下，一雪前耻"。

类似被虫咬的感觉再次袭来，是她和初恋分手之后。

他出国了，不久，用一封信解除关系。人人都知道她有个前程似锦的男朋友，还曾百般恩爱，于是，纵使失恋，骄傲的她也在人前绝口不提，只能每天咬着枕巾流泪、失眠。

她在相亲网站上注册，圈定目标对象的年龄、职业、收入范围。之后，她遇见一个"高富帅"，心里认定那就是她的白马王子了；但谈了一段时间恋爱，白马王子忽然向她借钱，拿到钱后，就消失了。

虫咬得更厉害了。

直到和现在的先生确定关系，那感觉才消除。

她这时才向周围的人公布曾在情路上遇到的坎坷，"我发誓，一定要找到比初恋更好的"。

"啊，你真拼，无论哪方面。"我由衷地说，"可你现在这么好，为什么又有小虫子咬？"

她叹了口气，提起之前经历的数家单位。难缠的领导、不合作的搭档、根本不可行的计划、原本可以做得更好的事……

她又提到几个人,他们分别在不同领域有所建树,看来是她的朋友。"有时候和他们聚,我就想,我已经年纪不小了,却一事无成,成的那些也不算什么。"

而她对人生有详细的目标及时间的设定,30岁时应该如何,35岁时、40岁时……

"我的时间不多了……我能不拼吗?"完美的她脸上闪过不完美的急迫和焦虑,语速也加快了。

我沉默着,不知如何应对。

"我很清楚,我心里的小虫子叫好强。"她摊摊手,"没办法,我管不住它。"

这时,她看看表,结束话题。她站起身,打开柜子,取出瑜伽垫、运动服、洗漱包。

她说,她要去健身了;还说,这些年,她把别人吃晚饭的时间都用来减肥、练体形、做美容。

"没办法不努力啊!"她指着办公室外一个个格子间里一张张正值青春的脸,"每当看看他们,再照照镜子,真觉得自己的脸被虫咬过。"

她扑扑粉,遮掩她新增的痘。

我知道,她健身之后还要回办公室,通常加班到深夜。

她会在凌晨,在清醒时、在睡眠中,都惦记着工作,因为"人才辈出,不能不拼"——这是她在一次业内演讲中挥舞着拳头喊过的口号。

她把这种紧张也带进生活的各方面,锲而不舍、矢志不渝,无时无刻不在人前呈现出100分的状态,不然她就会被虫咬,不然,她跨越不过"时间不多了"的心理障碍。

她回忆往事时，我也不禁在脑海中盘点我的各种不如意，那些我没能做到但现在努把力还能实现的梦想；我想与之并肩但必须踮起脚尖才能够到的人。

我被她传染了，可我有些犹豫——

那只叫"好强"的虫子会让我们变成更好的自己，但不加控制地任它生长，它也会吞噬我们的快乐、从容和平静吧。你再好，也没有一刻放松，你因它永无止境，也因它永无宁日。

就别为你的将就找借口了

["略懂"的状态最尴尬]

我有个好朋友,被我起名叫"神婆",因为她有个'特异功能'——但凡她感兴趣的事情,不出仨月就会从门外汉变成小专家,然后在各种饭局中侃侃而谈,为此还结交了不少有共同爱好的新朋友。

去年她发现自己爱上了摄影,于是开始打电话跟我讨论要买什么样的新机器,一副云里雾里的样子,我心想你一个理科小白,搞那么专业的镜头你驾驭得了吗?结果过了几个月再见面时,人家抡起大单反,极其熟练地给我们拍照,调光达人光芒四射;为了拍好大长腿满足我们的虚荣心,还专门上知乎啊数字尾巴啊各种论坛上学习,现在已经有了自己很熟练的逆光小清新风格。

今年年初,她又告诉我,新认识了一个朋友,办公室有大茶海,她去喝了几次,自己也爱上了喝茶,虽然家里小厅小室,支不起大茶海,但也已经买齐了工具,摆出了阵势。我又嘲笑她,你那么忙哪有时间喝茶啊,买个漂亮的大搪瓷杯子喝两泡得了。

没想到上周,这家伙微信给我发来一摞书和一张很做作的伏案自拍,书全是讲中国茶文化的,据说还关注了n个茶道的微信订阅号,每天坐车时翻一翻。昨天我们又见面时,她不仅给我订制了"私人品茶"方案(根据不同身体情况、情绪状态建议喝什么样的茶),还带了两个谈吐不俗的新面孔给我认识，据说是她们"茶圈"里相见恨晚的朋友……

简直被她这一出一出的新戏给镇住了。回想自己，业余时间也有不少爱好，可是没一个能说出点门道的，都是知其然而不知其所以然，懵懵懂懂不清不楚。说摄影吧，也略懂一二，但让我拍出很棒的片子还能修片，立刻就废了；说喝茶吧，我也喝了这么多年，但品茶的功夫还是很欠火候，茶道流程也并不熟练，每每遇到同样爱好的人，极欲交流几句，但没说多少就冷场下来，十分尴尬心有不甘。摩拳擦掌准备回家之后好好研习一番。

结果，下次自己拍照和喝茶的时候，又凑合过去了。还安慰自己，兴趣爱好嘛，自己心里享受一下就行了。于是，见到别人学艺精进的时候羡慕到抓狂的也是我，自己偷懒找借口凑合了事的也是我。

后来我还发现了不少深受"略懂"状态之害的人，比如我要招2个懂网络视频的人合作，一大堆人来应征，这个说，我很喜欢看视频啊每天都看，但是让他说出现在流行趋势是什么，包装元素有哪些，某某系列为什么火，直接哑口无言。

还有不少妹子说自己喜欢美食，特长是烹饪，但让她发两张自制的菜肴图片过来，就立刻犯难，"我自己不会做啊，我只是经常看看下厨房之类的APP，在微博上见过很多摆盘什么的……"。

每到这时，我就深深地意识到，缺乏系统钻研和动脑思考的爱好，会让你丧失很多机会，也许是开辟另一条职业道路的机会，也许是交到志同道合朋友的机会，更也许是享受爱好带来的深层满足感的机会。

[你以为和牛人做同一件事，你就牛了吗]

连我妈咪都知道，我最欣赏的朋友是主持人刘硕。欣赏的主要原因是

"颜值极高还非要拼才华"的任性。之前她在旅游卫视一人单挑数档节目，后来在《天下女人》和杨澜秋微搭档，智慧生动，个性鲜明。

除了大家都肉眼可见的才华与睿智，我更欣赏的是她聪慧的来源。强烈的求知欲，加上脚踏实地琢磨到底的狠劲儿。

举个小栗子吧。记得有次我俩去国家大剧院看一场演出，演出是我选的，叫做《激情探戈》，据说是阿根廷"舞王"莫拉.戈多伊舞团的作品。结果在看演出的过程中，每一小段舞蹈出来，我都会对着各种身高参差不齐，不同性别、不同装扮的舞者开始瞎猜，哎你说中间那个是不是舞王啊？哎你说舞王是男的还是女的啊？那个戴帽子衣服很特别的是不就是舞王啊？……

就这样我们嘻嘻哈哈地看完了这场演出。回到家已经10点多，正当我准备倒头就呼呼大睡的时候，刘硕发来了条微信："舞王是女的，她是主演也是导演。这个舞蹈团就是她名字命名的，的确是世界级舞蹈家呢，就是最后谢幕时站中间的那位，又高又丰满，今晚她出场比较少。"

一场演出而已，算不得什么大事，但同样是2小时的演出，收获已经完全不同，长此以往，大事小事，人家处处留心，严谨求知，而你处处对付，凑合度日，那么人家为何比你丰富睿智，答案不是已经揭晓了么？还需要充满羡慕和向往地做个讨要秘笈的"伸手党"么？

态度和行为方式的影响力超乎我们每个人的想象，决定"你"和"她"之间差别的，无非是宏观之下的思维方式和微观之下每件小事的执行程度。时间起到的是拉长和变形的作用，微小的懒惰和敷衍，被拉长之后就会变形为"贫乏和胆怯"。这就是为何我最欣赏刘硕的自信，却从不问她"为何如此自信"，有必要问么？当她脑中有料，心中有底，胸有成竹，左右逢源的时候，又何必要恐惧和犯怵呢？

[有种进步的捷径叫"较真"]

我有个毛病，只要身边没有本子就没安全感。看电视（哪怕肥皂剧），茶几上也必须摊开一个本，摆好一支笔，万一哪一段情节，编剧脑洞大开，说了句千古良言，错过了可怎么得了！手机里各种"笔记"功能必须保证顺手，无论是坐车还是聚会，只要某人的某句话激起了我的脑细胞，就必须马上记下来，否则转瞬即逝。

这个毛病都是身边朋友给带的。比如朋友A，90后操持一个创业公司，每次我跟她一起坐车去谈事儿，这家伙就捧着手机噼里啪啦不停，先把要谈的1.2.3点全部理清楚，做足准备，生怕到了地方再现想，脑细胞跟不上。

再比如朋友B，特别较真，有次跟几个不太熟悉的学界大牛一起吃饭，人家说起某国的一个建筑非常有代表性，她就捧着手机啪啪啪地记，还悄悄宣布自己今年旅行的时候就要列入计划；说起某本书很经典，她就立刻上网下单；她是做影视的，只要有人一提起某个她没听过的片子，哪怕是有些看点的微电影，她都要立刻上优酷搜出来，然后问人家："你说的是这个吗是这个吗？"……刚开始我特不习惯，怎么比我还较真？吃完饭再说呗！结果人家真是怕忘了，必须分分钟拿下，落袋为安。

这样的家伙可真不少，所以我也特别受益，各个领域的盲点，抄起电话就能问出个所以然来。久而久之，我也在"较真"的不归路上越走越远，时间长了，收获还真不小。

而且我越来越相信，你侥幸混过去的知识盲点，都会在最应景的场合冒出来收拾你，比如有个字你一直不会念，那么在你公开主持节目的时候，就会碰到这个字；你始终都不愿搞清楚的信息，将变成一个永远的拖油瓶，前前后后让你错失极多。

最关键的是，这种得过且过，不求甚解的思维方式，还会让你漏掉很多美好的体验。记得有次跟（较真的）麻宁聊天，她说她最喜欢在旅行的飞机上看书看视频，比如听蒋勋讲《吴哥之美》，"如果去旅行之前，什么功课也不做，吴哥窟对你来说，就是一堆破石头呀。"

写完这篇之后，初稿先发给了小助手，她说，"也许有不少人认为，凡事用心好学，是件特别累的事情呢，大刺刺地生活，没心没肺潇洒自在。"于是我只好在此缀一个结尾：我们读书、行路、识人、开阔眼界，皆是源于热爱生活之刚需，探索世界之本能，如若渴望，便尽力付出，不辞辛苦；如若满足，便收手驻足。

一切由心自主。

至于别人的鲜花苗圃，是一朵朵种出来的，你去参观一下就离开吧，喜欢的话就自己种。

别还没到终点就倒在了岔路口

亲戚家上大二的小朋友来找我聊天，把自己像破书包一样疲软地扔进沙发，声音闷闷："姐姐，我真是羡慕你，早生几年，早毕业几年，就不会有这么大的压力。"

"花式嫌我老？长本事了还…"，我在一旁听的黑线满脸。

她脸上带着硕大而深重的黑眼圈，咬牙切齿，"要是我能每天活得不这么累，老十岁我也愿意。每天都好烦，好累，又好焦虑。"

她是年级学生会的主席，同时兼任着广播站的副站长，她每天三节课六个小时，还要挤出时间去图书馆学英语。她积极地参加着各种志愿活动和实习，天光还未亮她就已经在那儿等第一班公交车。为了不被嘲笑是书呆子，还要利用各种碎片化的时间去看娱乐新闻，追最新的剧，看流行的小说。

她的努力并不只是口头的几句话，那种疲累好像已经深深地镌刻进她的身体，仅仅十九岁的灵魂，灰白得像是老了一倍。

"你有没有想过，自己到底为什么在拼命？"我问。

她凑过来看到我书桌上朋友送的横渠四句，"为天地立心，为生民立命，为往圣继绝学，为万世开太平"，笑笑，"我倒没那么大志向，就想好好努力以后挣大钱。"

"那你以后想入哪一行，期望的月薪是多少？达到这个月薪之后的生活又是怎样？"我追问。

"我还真没想过这个"，她说，"反正我周围人都在努力，我也不能被落下就对了。看到别人都那么拼命，真的压力好大。"

我看到她眼神中漂浮起的不知所以，想起家里养过的那只小仓鼠，它在笼子里的滚轮上一刻不停地跑着，焦虑而又乐此不疲，它误以为自己只要跑得足够快，就可以摆脱前进的漩涡，可是它跑得越快，滚轮就转动得越快，没到一个月，就瘦成了皮包骨头。

多像是坐在我面前的，那个眼神茫然姿态却坚定的年轻人，带着浓重的疲倦咬着牙奔跑，又因为用力过猛而生出更多的焦虑。

美国作家威廉·德雷谢维奇在《优秀的绵羊》一书中，对这个茫然又努力的群体做了如下的描述：

他们非常擅长解决手头的问题，但却不知道为什么要解决这些问题。他们斗志昂扬，却没有目标，光鲜亮丽，却充满焦虑，他们付出超过常人的努力去追求优秀，却不清楚自己的目标，也体会不到努力带来的乐趣。

不知道自己为何奔跑，就很难让自己停下来。而奔跑的姿态一旦成为一种不带目标的惯性，反而会让你距离真正的优秀越来越远，充其量，只能成为一个"看起来很厉害"的人而已。

高考周还有小朋友在公号后台留言问我，"上大学到底有什么用？是为了学知识还是交朋友？"

这同样是我当年无数次问过自己的问题，直到大三去一家NGO组织实习，我的面试官给出了答案。时隔多年，我依然记得他那口标准好听的伦敦腔，以及他的话带给我醍醐灌顶一般的震撼：

"Colledge gives you a chance to make dreams,and to discover yourself while dreaming. (上大学就是一个做梦的机会，并在做梦的同时发现自己)。"

我们口口声声说要做自己，却总是迷失在别人的轨迹里。

要如何才能摆脱群体压力的漩涡，让接受过高等教育的年轻人，不再对盲目的努力和不知形体的优秀感到饥渴？有哪些事情，是我们在大学的时候就可以去做，而不必等到走上社会之后才开始？

1. 自知：脱去标签之后，你还剩下什么？

"别介绍你的头衔，介绍你是谁。"

做人力资源的朋友在每年校园招聘面试应届生的时候，都会问这样一个问题，那些戴着各种学生会，志愿者队，创业社等光环的孩子，十个里面至少有七个会无言以对。

他对这种现象头疼无比："比起他们在学校都获得了什么，我更想了解他们的兴趣爱好，想知道他们对自己各方面能力的分析，可是这些小孩子只会拼命地将title一股脑地丢过来，试图让我从中去判断他们是什么样的人。"

他们拼了命努力为自己带上一个又一个帽子，可是我只关心帽子下面的这个人。

了解自己是一个漫长的过程，这个过程并不仅仅只能发生在大学时光，或是因为大学时光的结束就停止，但是20多岁的时候，也的确是一个人了解自己，发现自己的最佳时期。

年龄越大，越会有更多的不得已。有些事你现在不去做，可能就真的永远都不会再去做了，比如认识自己是个什么样的人，比如了解自己的长处和弱项，了解自己的爱好，以及基于自己的爱好，想要从事的职业，而不仅仅是匆匆投入一份工作。

《优秀的绵羊》中这样写道：

工作是维生，而职业是做自己所爱，并且获得经济报酬。

每年抽出一天的时间，给自己做一次详细的SWOT分析，比起蒙着眼睛的盲目努力更加有用。

你不仅要知道自己如何行走，更重要的是知道自己要去哪儿。

2. 自立："我想要"的前提是"我是谁"

想要当选学生会主席..因为有很多人都在竞争。

想要参加模拟联合国...因为看上去很高大上。

想要拿奖学金...因为那能说明我是个好学生。

你想要的东西那么多，却不清楚是为谁而争取。

当一个人所有的理想都寄托于外部的期望和压力，优秀对于他就不再是一个清晰明确的目标，而不过是一剂"强心针"。我们从小耳濡目染着"别人家的孩子"长大，在父母，师长，以及同伴的压力中逐渐放弃自己的想法，也放弃自己的坚持。

"我怎么想不重要，关键是老板怎么想，别人又怎么看我"，我家小妹妹实习回来，脱口就是这样一句听起来就丧气无比的话。

每个人都生活在他人的期望里，但是不能只生活在他人的期望里。不让自己的身影依托于别人眼光而自立，在精神上成为独立的人，是每个孩子走向成年时都要上的必修课。

为自己的选择负责，是比追逐他人的脚步要更加艰难的事。培养洞察力，找到方向感，给自己设置定位并为之努力。其实要比"别人觉得你..."是有意义得多的东西。

为自己的爱好、目标而努力可以打破我们对成功"被压迫式"的追求，让努力的意义清晰可见，而不是只停留在一个拼命的表象。

你或许会失败，或许会摔疼，或许无法看上去那么光鲜，也或许会被当作是异类。

可是那有什么关系呢？

毕竟我们还年轻，毕竟我们还输得起。

3. 自控：意志力很宝贵，别浪费在无用功上

那些看起来挺诱人的东西，你真的需要吗？计算机证书，GRE,会计证，人力资源证书…

每天一睁眼，这些选择就摆在你眼前，像是美味诱人的糖果一样，召唤着你看过来。

不考吧，好像挺可惜，考了吧，好像也并没有什么用。

日复一日的纠结犹豫，努力说服自己，或是强行为这些"不知道有什么用"的东西安上意义。我们不欠生活一个可能，相反，是欠它一个断舍离。

拥抱生活的可能性，从来都不意味着你应该不加以选择地，将所有的选项试过一遍。这世界不缺优秀的人，也不缺万金油，能成就你的并不是你尝试过多少东西，而是你是否能将这些东西转化为自己的优势，将优势做成机制，成为自己的杀手锏和核心竞争力。

太多的时候，人并不是倒在绝境，而是倒在岔路口。

选择，以及选择之后带来的后悔才是最消耗意志力的事情。成就我们的，不仅仅是你做了什么，更重要的是，你没做什么。

一个人的精力和时间是极其有限的，唯有自控，限制自己的选择范围，才能"集中优势火力"，正如《优秀的绵羊》一书中提到：

人云亦云……什么都想要，什么都想做到最好。它只会培养你盲目的野心，让你陷入物质为上的野蛮性竞争。

开放的态度应该是：知道生命的许多可能，尊重这些可能性的平等，然后为自己挑选其中的一个并坚持下去。

在成为一个优秀的人之前，你总得成为你自己。

讲真，你并不会排斥这个社会的生存之道

[能用钱解决的事情千万不要欠人情]

听过这样一个故事。

一个小城镇家庭的女孩去邻近的城市读大学，一个堂姐提出，另一个叔叔家有大车，妹妹行李多，不如借了车让堂姐夫开车送你们去吧（堂姐和叔叔都生活在那个城市，堂姐在假期回了老家，假期结束，刚好也要回生活的城市）。

小城镇还保留着旧式的人情往来，你帮我一把，我回馈些其他，常常被视为再正常不过人情往来，人们笃信亲戚要常走动才更亲近。

于是，一个7人座的商务车，堂姐夫开着，载着女孩和家人，载着堂姐和家人，出发了。堂姐的叔叔热情，在目的地城市的酒店设好宴席，为女孩庆祝大学的入学。

傍晚进入城市，下起暴雨，天气恶劣，天色已晚，宴席已等候多时，而这厢行进缓慢。

越焦急越出事，车在高架上四车追尾，这辆车是最后一辆，负全责。处理完所有的事情到酒店，设宴、同时也是车主的叔叔，脸色已非常难看。

谁心里都不好受。无论是女孩、女孩的家人、堂姐和叔叔。

叔叔说不要赔了，走保险，但显然他是有损失的，且不说追尾的其他三

车是什么车，保险是否能够赔付，来年的保费必涨无疑。

对堂姐来说，是她出面向叔叔借的车，出了事，自然也尴尬。

对女孩和家人来说，且不论责任在谁，前车是否有推诿，事已至此无可改变，而因为自己给别人带来了实实在在不小的麻烦。而且并不很近的亲戚间出这种事，再如何弥补，都难免更生疏一些。

而如果这件事在最初选择的是租车，职业司机会负责将你安全送到，你只需要付钱，即使有任何事故，租车公司会有一套完善的体系和流程去处理，你不必因此承受心理上的负担和折磨。

这些年的城市生活，教给我的一个生存法则就是：每个人都很忙累，不给别人添乱是一种美德。能用钱解决的事情千万不要欠人情。因为钱付得起，而人情有可能还不起。

[商业带来信任]

人情之不靠谱，还有另一个事例：

某一次做深度保洁，与保洁师傅闲聊，他们说，他们坐2小时的地铁，穿过整个北京城到我家做4小时保洁，再坐2小时地铁回家，得到的400元钱，要分给公司一半。我们不禁感慨，这挣的真是辛苦钱啊！

保洁师傅临走时给了我们一个名片，说，这是我老乡，他自己干，你们下次直接给他打电话，能便宜点，估计300元就行，因为他不用上交公司。

于是第二次我们就打了那个名片上的电话。对方表示，要400元，一分都不能少。我们同意了。

到了约定的时间，我们整整等了一个半小时他们才到，进门就要涨价，说新房开荒400元，你这旧房子得600元，而且不包括擦家具，擦家具得另加钱……巴拉巴拉。

于是我们请他走了。

贵不贵是另一码事，"没有契约精神"这点让我们很愤怒。不按约定的时间、不按约定的价格、不提供约定的服务……我不能保证让他做下去，还会生出什么事来。

我于是更加信任标准化的商业服务，在网上下单，担保交易，有互相评价机制，有企业设计好的流程和约束机制，来规避人性的弱点，一切清楚明白，认可服务内容和价格，下单就好。

[商业带来效率]

怀孕时一时兴起，见论坛里别的妈妈织的阿狸毛衣，母爱大发，跟风买了棒针和毛线，要给肚子里的宝贝亲手织一件，作为迎接他来到这个世界的礼物。

孕期工作并不甚忙，我以为我有大把的时间来做这事。

但结果证明我错了。

织毛衣在很大程度上，需要耐心细致的重复，需要数针数，需要周而复始。

作为一个长期从事创意类工作的人，又有些大条，我常常数着数着，一打岔就忘记针数了。之后再数，再忘，如是三番，我便失去了继续的耐心和兴趣。

如今我的孩子已经两岁了，那团毛线仍躺在我的衣柜里。

这件事给我的启发之一就是——精力有限，不在不擅长也不喜欢的事情上浪费时间。

我敬重手艺人，喜欢手工作品，并钦佩匠人精神，我也很想亲手给宝贝织一件毛衣，但我并不擅长于此，不宜勉强。

这个高度商业化社会，给我们提供了满足日常生活需求的一切商品。我精心选择材质、手感、式样、做工、搭配……最后拿到的衣服，其中的爱与心意并不比手织的毛衣少，而效率要远远高于我笨拙的手织毛衣。

节约的精力和时间，我可以在其他我擅长的地方给予我的孩子。比如，为他成长不同的阶段挑选适合的读物，给他讲故事，培养他阅读的兴趣和习惯，教给他语言的精准表达……

[商业带来的温情]

十几年前，我考研的时候一本《西方文艺理论》的教材，我整整啃了三遍才完全弄明白。因为我的本科院校不开这门课，我身边甚至找不到一个老师可以请教，而十几年前的互联网，远远没有今天发达。

而现在，如果我用了所有的工具，仍然不能解决我的问题，如果我需要请教别人，我宁愿选择一对一付费的经验咨询。

你不会感觉到茫然无助，鼠标点几下，就能筛选到你想找的领域的人。你甚至可以结合他的自我介绍和评价，去选择更适合你需求的专家。

也不必担心他是否愿意提供帮助，只要他接你的单，你便明确地知道，他愿意花他的时间接受你的付费咨询……

而就我所知，很多专家做这件事并非出于经济目的，而是觉得"好玩"，并且能帮到别人会带来"成就感"。他们往往一转手就把收到的咨询费，捐给了贫困儿童。但在有这个商业服务之前，你并不知道哪些专家是愿意花时间做这样的事情的。

互联网消除了距离和信息不对称，让你快速找到合适的专家，付费消除了你对于"打扰别人"的不安。花一顿饭一件衣服的钱，便能买到别人多年甚至几十年的积累和思考，并且有可能从此成为人脉甚至朋友……真是没有比这更划算的事情了！

因为商业，我最大程度上减少了对别人的依赖和求助，我不必因为什么目的而去接近人，因而能更无挂碍地选择朋友，吃饭、喝茶、聊天……做种种放松的纯粹的无功利的交往，感受更多思想的碰撞和情感的抚慰。

[是消费，更是投资自己]

因为社会高度分工和高度专业化，你可以买到几乎所有的服务。

比如上门洗衣，比如半成品的生鲜配送，比如约车，比如付费咨询……

我有一个创业的朋友，她是做母婴阅读产品甄选平台的。她说要把各国儿童阅读的标准和读物，引进到中国来，组合搭配成系统的产品，打包提供给适龄的孩子订阅。

她跟我说——我赚的是"懒"人的钱。所有的东西都是公开的，但我把它们整理好了，放到你的面前来。

我同意她的思路，但不认为这是"懒"。如果她的产品上市了，我是愿意订的。我也愿意我的孩子，读到这个世界上适合他每个年龄段的最优秀的读物，我也希望他视野开阔，从小能被最美好的文化产品滋养。

但我显然不会有时间去筛选，也不可能为了这件事在短期内掌握多种语言……而有最专业的学者、最优秀的翻译，把这些事情都做好了，因为这个高度成熟的商业社会，有专业的人来做专业的事，我付出可接受的价格，就能买到许多人多年的积累和智慧，不是很划算的事情吗？

而我省下的时间，用来精进我的业务水平、提高我的综合能力、有余裕的精力来自省……从而有机会在事业上获得更大的发展，这才是良性的循环。事事亲力亲为，并不上算。

对于都市里，繁忙的被工作和生活碾压的年轻人来说，凡是能用钱解决的问题，用钱去解决都好过自己的摸索，把摸索的时间和精力，用在你最想获得发展的地方，是性价比最高的选择。这是大多数条件下都成立的法则。

不要怨念这个社会处处都讲钱，任何的商业服务背后，都有一大批人在进行高度专业的分工，企业为此付出大量的成本。付费才是良性的运转之道，亏本维持的事情，一定不会长久。

想得到长期的、有品质的服务，一定要有付费的观念。这不仅是消费，更是投资自己。

因为商业，我们可以腾出精力去学习、自省、放松、积蓄力量。

因为商业，我们最大程度上减少了对别人的依赖和求助，能更独立并自由地进行人际交往。

我喜欢这个冷酷直白又温情的商业社会。

别轻易
选择了放弃

我始终相信，

在这个世界上，

一定有另一个自己，

在做着我不敢做的事，

在过着我想过的生活。

[别因为害怕痛就放弃了蜕变]

生活不是童话故事,太梦幻的日子并不适合你。我特别喜欢你低下头认真做事的样子。——致每一个努力生活的女孩子

那一天,我记得特别清楚。阴天,落大雨,我穿着单薄的小西装外套,脚踩八厘米的高跟鞋,在繁华的宁波老外滩附近,逆着风艰难步行。任由冷冰冰的雨水打在脸和衣服上,有种刺骨的寒意。

一个人在风中踽踽独行,却只换来了一场姗姗来迟,又草草结束的面试。

认真用心地准备一场面试,按约定的时间抵达用人单位,结果人家主管说放你鸽子就放你鸽子,连一个解释都没有。随便地让公司里的一个文职人员敷衍地走了过场。那种感觉真的挺伤自尊的。

回学校的路上,走到十字路口等绿灯,被从身旁扬长而过的汽车溅得一身泥水。躲闪不及之余还崴到了脚。

走在天桥上,目光掠过那车水马龙、川流不息的车流,陡然生出几分被世界遗弃的苍凉感。

看见不远处的541,满载乘客飘然而去的背影,我知道,我只能等下一班公车了。

雨天外滩附近的出租车更加难打,即使好打,我也舍不得花那个钱。找人来接吗?找谁呢?况且,天很冷,那里离学校又很远。而我又一向不喜欢麻烦别人,最怕欠别人人情。能够自己搞定的事情,绝不会麻烦别人伸一根手指头。

还不如等。虽然明知踩着高跟鞋挤公车是一件很悲催的事情。不是东倒西歪，就是人肉夹馍。于是忍着脚踝的疼痛，在风雨中瑟瑟发抖地等下一班车。偏巧身旁站着一对情侣，旁若无人地卿卿我我，甜腻得不得了。我很识相地离他们远一点，再远一点，很努力地减少存在感。

　　也许是我巨蟹座的神经过于敏感脆弱，又或者是冰雨冷风又孤零零的情境渲染，一时之间，我忽然想起了很多人和事：家人、梦想、曾经喜欢过的人、最想要做的事、最想要去的地方……

　　想着想着我就明白了很多。姑娘，你要努力，如果你不努力，你想指望什么？你能指望什么！

　　是你觉得自己够聪明、够漂亮，还是你自信自己既聪明又漂亮？

　　是你家里有显赫的家世背景，足够的金钱？

　　还是说，你有偶像剧女主的主角光环，恰巧有一个既死心塌地又心甘情愿地养你的男朋友？即使他说愿意养你，你敢让他养吗？你就不怕，哪一天你们两个闹情绪吵架，他冷不丁地冒出一句：你连人都是我养的，有什么资格跟我吵？你就不怕，哪一天，他累了倦了，嫌弃你不独立、不干练、没主见？

　　姑娘，你要努力。如果你不努力，你想指望什么？

　　指望在你困窘落魄到没钱吃饭的时候，会有一个男人出现，温柔地牵着你的手去共进晚餐，还是他为你亲自下厨，棱角分明的轮廓经灯光投下一个好看的剪影？

　　指望在你被高跟鞋折磨到疼得一步都不想走，恨不得把鞋子扔掉赤脚走回家的时候，有一个人出现，背着你走完这段路，还是他摇下车窗温柔地对你说，上车吧，我送你？

　　指望在你遇到困难和挫折的时候，痛彻心扉的时候，有一个英雄站出来，为你披荆斩棘鞍前马后遮风挡雨？

还是说指望自己刚走出校园就发现，早已经有人为你铺好路、搭好桥，从此一帆风顺，衣食无忧？

姑娘，你今年几岁了。还在做这种王子灰姑娘的白日梦。喜欢看玛丽苏偶像剧不丢人，但活在这样的幻想中却很可怕。生活不是童话故事，当公主或灰姑娘遭遇危难时，总有骑士或王子出现拯救她们。你想太多了，哪里有那么多happyending。

我一直记得读中学时在《扬子晚报》上看过的一篇关于郭德纲的文章：

他说，"我小时候家里穷，那时候在学校一下雨别的孩子就站在教室里等伞，可我知道我家里没伞啊，所以我就顶着雨往家跑，没伞的孩子你就得拼命奔跑！像我们这样没背景、没家境、没关系、没金钱的，一无所有的人，你还不拼命工作，拼命奔跑吗？"

姑娘，你不努力，你想干吗。姑娘，你要认真地工作，你要努力地赚钱。这是为了你自己将来能过更好的生活，也是为了让你的父母在年老体迈没有经济来源时还能够安享晚年。是为了当你有了想要吃的东西，想要穿的衣服，想去旅行的地方时，可以毫不犹豫地为自己潇洒买单。是为了爸妈以后逛超市、商场的时候，能够像小时候舍得为你花钱买东西那样为自己买东西。是为了他们在同街坊邻居、亲戚谈论到你的时候，是一脸自豪或是一脸安详。毕竟，他们已经为了你奔波劳累了大半生，你不该让他们的后半生享点清福吗？

姑娘，你要好好照顾自己，好好地爱自己。即使是单身一人也要活得多姿多彩。你要记住，这辈子，除了父母至亲，你不为任何人而活，你只为你自己而活。你更加要清楚，你对自己的人生负有不可推卸的责任。

姑娘，不要害怕一个人。单身，意味着你还有选择的余地和空间。单身，说明你有足够的耐心和勇气去等待那个值得拥有你的人。不要随随便便一个男人送点礼物、说点甜言蜜语，你就芳心暗许晕头转向了。你要知道，并不是所有的女孩子都会有好几个备胎，但大部分的男人都会排好几个队。往往对你最穷追不舍的那一个，如果不是出于真心喜欢，那就是你最先给了他可以继续、容易下手的回应。

如果一个男人真心喜欢你，他会选择你喜欢并且接受的方式对待你。同时，他会给你时间做决定，一定会等你的。那些在你犹豫要不要接受这段感情时，转身就离开的人，其实并没有那么喜欢你。

是有那么一部分男人喜欢小鸟依人柔情似水的女孩子，这无可厚非，毕竟，各花入各眼。但如果你们已经恋爱了，在一起了，他才说，不喜欢你这样的性格，觉得你好强又独立。那么，很好，你可以立刻让他滚了。小区出门右转，打车，不送。因为他根本一点都不了解你。真相不是你好强又独立，而是你非常没有安全感，因为你知道，自己如果不坚强，懦弱给谁看。这个世界上只有两种女孩子，一种是幸福的，一种是坚强的。幸福的一直被捧在手心里，从来就不需要坚强，坚强的那一些，却是不得不坚强。

张爱玲说过："我要你相信，在这个世界上总有一个人在等你，无论在什么时候，无论在什么地方，反正总有这样的一个人。"

你才二十几岁，你还有大把的青春年华。我不想你现在就将就，委曲求全地跟一个你并不爱的人在一起。那样，对他不公平，对你更不公平，你把仅有一次的人生浪费在不值得的人身上了。我怕你连年轻的时候都不敢大胆地追求心中所爱，等老了，就只能追悔莫及空余恨了。

姑娘，你一定要努力。很快，你三字头的年龄就要来了。你不指望自己，你还想怎样。你问问自己，如果只是喜欢当一只单纯无知的小白兔，每天捧着奶茶等人来照顾你，你如何经受得起以后的漫长岁月？你就不担心你天天喝奶茶过完二十岁，等到三四十岁的时候，你身上没有任何时光沉淀过的优雅和美丽，脚下只剩一堆脏兮兮的奶茶吸管吗？

姑娘，别白日做梦了。生活不是童话故事，太梦幻的日子并不适合你。我特别喜欢你低下头来认真做事情的样子。认真的女人才是最美丽的。

累一点也好，苦一点也罢。如果你现在就对自己各种放纵，将来你指望用什么条件来放松？别忘了，你拼不了爹，也拼不了男朋友。你今天付出的所有的努力和辛苦，都是一种沉淀，它们会跟随时间的魔法帮你成为更好的人。现在拼命工作，努力赚钱，是为了以后不再为金钱所累，是为了不让别人有机会用金钱考验自己的本心，是为了将来可以做任何自己想做的事情，去任何自己想去的地方。

姑娘，好好爱你自己，再苦再累，照顾好自己。多疼多累，撑不住的时候大吃一顿，喝点小酒，找一两个知己好友，发发牢骚吐吐槽就可以了。要知道感同身受这句话说起来很好听，但真要实践起来却无比艰难。就像富二代和逆袭的屌丝在一起玩，你羡慕他励志，他却羡慕你有钱。

生活永远在别处。别人的安慰，听到了会心一笑，事后，甩甩头就忘掉。

书叔有话说：

前天晚上，在微博上看到这张照片。恰巧像本文作者在开篇提到的一样：白衬衫、窄裙、8厘米的高跟鞋……

这个年轻的背影，披满了疲惫。看着让人有些心疼，再联想到自己也曾以这样的背影穿梭在自己的城市里，又不禁有些心酸。

翻看网友的评论里有这样的一句话："毕业进入社会，就像小美人鱼和女巫的交易，鱼尾分裂成双腿，站起来了，但是每走一步却像踩在玻璃碴上一样的痛。加油哟，年轻人。"

是啊，每个在社会打拼的人，都像小美人鱼一样，忍受着剧痛在蜕变。你不能因为怕痛就放弃蜕变，否则你会错过走在广阔土地上的机会。

努力，是我们能做的最好选择。

别让畏惧造成你的抱憾终身

你为什么来北京？

决定来北京的最初，很多人问过我类似的问题。那时我想了很多种答案来面对不同人的提问，也选择了对某些人以沉默来回应。随着时间的流逝，我逐渐熟悉在这个城市生活的节奏与步伐之后，偶尔也会在夜深人静的时候问自己：你为什么来北京？

昨天，当夕阳的余晖笼罩着整个城市时，我拖着疲惫的身子在厨房里忙碌，为自己准备晚餐，一个人的晚餐，标准的三菜一汤。合租的室友在旁边洗衣服。各自忙着手里活儿的同时，我们间或地交谈几句。不痛不痒的聊谈，有一搭没一搭的你来我往。

她问了一句："你为什么会来北京？"

我把很久以前准备的那套说辞翻出来："北京机会多。选择也多。"

回答之后没有得到回应，我转身一看，室友早已离开。我微微一笑，专注手下的活儿。脑子里想着今天的红辣椒炒肉拍成图片发到朋友圈，应该不会再被认为是番茄炒鸡蛋吧！

很多时候，人们提出一个问题，期待你的回应来答疑解惑指点迷津，但更多时候，他们提出一个问题，仅仅只是为了完成一个自我追问自我思虑的过程。比如那位室友。

在这个城市里，每天都有人带着希望和憧憬兴奋而来，也有人满怀无奈和伤感黯然离去，更多的人依然在这个城市里奋斗与坚守，或是麻木不仁，或是按部就班，抑或是打了鸡血一般的激情满怀。无论在行为选择的背后掩藏的是什么样的心理状态，总归他们在这个城市的角落里演绎着自己悲欢离合的人生故事。

我相信，只要还在这个城市生活，不管是你，是我，还是她，不时，总会被人突然问一句："哎，你为什么来北京？"届时，你会怎么回答？是如同那位合租的室友，在某一个波澜不惊的傍晚，企图对一个萍水相逢的人寻求答案，抑或是突然意兴阑珊的自我询问思量。也许，会如同曾经的我一般在午夜梦回之时迷茫前方路途。

不管处于哪一种状态，我坚定地相信，总有一天总会找到答案。就如同今天的我，独自一个人在这个城市生活九个月之后，找到了属于自己的答案：为了不失去对生活的热情。

在过去的九个月里，也幻想过倘若不曾来到北京，我的生活将如何继续？也许做着那份外表光鲜而实则无趣的国企工作，几年后无疑就是嫁为人妇，相夫教子在那个我长大的小城里了此残生。最初，也觉得这样的结局没什么不好，至少很安全。安全得诱人，诱人得难以抗拒。就像是严冬寒雪里周末早上的热被窝，真想一直在里面舒舒服服地沉沦下去。但是，被窝睡久了，就会觉得太无趣，时而想找本书来阅读，时而又想找首歌来欣赏，时而又觉得看部电影也不错，总之最后，你一定会离开那被窝，最终你当然会回归被窝的，但也许那是又一个夜晚的来临。

做不喜欢的工作，嫁不喜欢的人，偏安一居甘做井底之蛙，我的一生难道就这样下去？那时的境况，寥寥数语足以概括一生："十年寒窗，学满毕业，偶有因缘，得入政企。工作勤恳，然天资平庸，不擅长衣舞袖，终泯然于众人。韶华之年父母之命媒妁之言嫁为人妇，期年又迫于流言蜚语及双亲期盼身为人母，五十年锅碗瓢盆家长里短纷争不断，六十载心系子女百般算计千番教导肝肠寸断。年四十，丧考妣，再见无期；年五十，沦孤巢，多病缠身；年六十，儿女成家皆离左右；年七十，失侣无伴独来独往；后期年，此身亦殁，一生无功亦无过。"

生活固然是不完美甚至是平庸的。我也并非想要活得如何光鲜亮丽。当然，它也未必一世安稳甚至风波不断，但我想至少不能因为畏缩而抱憾终身。

追求安全及确定性是出自一种自身本能的反应。它对我们的吸引力如同地心吸引力一样无处不在。而我们的精彩恰好也在于地心引力的充斥其间。建成摩天大楼对峙苍穹，创造飞机与云比肩，发射脱离太阳系去更远的世界探索的旅行者号空间探测器……我们所有的发展，都是在抗拒，抗拒那些难以抗拒的东西。抗拒安全的诱惑，抗拒舒适的堕落，抗拒自我的本能。如果说追求安全是我们的天性，那么抗拒本能也同样是我们的天性。这对矛盾体无时无刻不在我们的内心里对抗，此消彼长。

我们已然习惯于生活在安全地带，被老师、父母、师长以及书本的汤勺喂大，习惯了去询问他们："请告诉我，那高原、深山及大地的背后是什么？"总是满足于他人的描绘，活在别人的言论中，而不再享有抗拒本能的权利。长久以往，我们不再新鲜，心中没有什么东西是原创的、清新的和明澈的。渐渐的，失去了对生活的热情。

遵循自己的想法，抗拒本能的安全，在尴尬的年龄放弃一切来到北京从头开始，给自己一个机会，给生活一个机会，是目前为止我做过的最勇敢的事情。

"如果最后我终将迫于生活的各种原因嫁于不爱的男子，那么可否让我在可以选择的时候一直安静地做自己喜欢的事情。"最初的勇气只是来源于这样的一种想法。觉得不做挣扎的人生太过于可怕，然由于对另一种人生的无法预见，让我胆怯，不敢选择。而当这条路终于被我走出来的时候，才发现很多事情根本没有想象中的那么艰难。

蔡康永有段话可以很好地诠释："15岁觉得游泳难，放弃游泳，到18岁遇到一个你喜欢的人约你去游泳，你只好说"我不会"。18岁觉得英文难，放弃英文，28岁出现了一个很棒但要会英文的工作，你只好说"我不会。"人生的前期，如果越嫌麻烦，越懒得学，后来就越可能错过让你动心的人和事，错过风景。"

不给自己设限，试一试又何妨呢？高山，若总不去攀登，那就永远只能是高山，终生仰望，若征服过，便成为你脚下的一方尘土。很多时候，生活就是这样，你给它机会，它才会给你风景。

诸多的朋友之中，有一位A姑娘，虽说不上特别的漂亮，但五官非常和谐，丢在人群堆里也是抢眼得很。家里经济条件也十分优渥，称为富二代也不嫌过分。周围的很多人认为这样的她，只要一直负责扮演公主的角色就足够，可是，很多时候却觉得她过得比任何人都更加的努力。凭借自己的能力考上国内一流的高校，在校期间参加了不少项目，都是些让人觉得又苦又累也不讨好的项目，她不仅做得很认真，还保持所有科目成绩无人能敌的高度。

我曾问过她："何必这么辛苦，你所拥有的，已经足以让其他人奋斗一生也未必能赶超。"当时她回答我："只是为了证明自己。即使不是某某的女儿，难道我就没有可以立足这个社会生活的能力了吗？

她经常只身一人出国旅游，有次回来后告诉我，她决定要考取英国一所全球著名的学府进修博士课程。我知道那份工作，她曾经非常看中，为了获得领导和同事的认可，她付出了很多的努力和艰辛。问她是否考虑清楚，她说："世界太大了，我需要给自己机会，不断地去攀越，去发现，去尝试。我愿意死在前行的路上，而不是死守着一成不变的现在。"当她拿着高到变态的GRE

和托福成绩，附上录取通知书放在我前面的时候，我的人生轨迹也因为她而悄然地发生了转变。我们是同一天离开故乡的城市，她出国，而我来北京。

时常，我们会遇到一种生活状态：对生活失去热情，对什么都得过且过，没有追求，觉得空虚无聊且肤浅。这一切可能只是由于我们习惯于安逸的生活，沉溺于周末早上的热被窝，被我们本能力的地心引力所束缚。我们要做的就是去尝试一些新的选择，去走一条看不见结局的路，去不断地学着给生活机会。

如果不曾在早晨毅然爬出温暖的被窝出去散步，你就没法体验到清晨第一缕阳光投射到人间的美丽。如果不曾在闲暇时出去旅行，你就不会欣赏到小河里流淌的溪水，树林间习习的熏风。

人生苦短，请去探索！一朵可爱的云彩、衬着蓝天的高山、春日里的一片绿叶、壮丽婉转的山谷、绚烂夺目的夕阳，或是一张动人的脸庞，一个温馨的片断。宫崎骏在他的电影里说："我始终相信，在这个世界上，一定有另一个自己，在做着我不敢做的事，在过着我想过的生活。"其实，我们每个人就是另一个自己，只要我们愿意，就没有我们不敢做的事，就能过我们想过的生活。

请给生活机会，这样它才能赠予你风景！

遥不可及的成功会因为你的坚持而唾手可得

在这个人心膨胀的年代,所有人都赶着往前奔跑,成名要趁早、结婚要趁早、生娃要趁早……一位创业的朋友告诉我,他每天都活在恐慌之中,怕还没来得及成功,就被这高歌猛进的大潮所抛弃。

小C是朋友中难得一个慢性子的人,并不是说她不努力、不着急。那些惶惶不可终日的时光,她当然经历过。五年前的她,还是个毛毛躁躁的小姑娘。

第一次见面的时候,是在公司电梯里。抱着一沓资料的她被主管当着电梯里所有人的面训斥一通。她低着头,抱着资料的手不住地抖,我明白那种拼命忍住眼泪的感觉。

"你没事吧?"电梯里只剩下我和她,她仓皇抬起头,并未接过我递上的纸巾。

"我没事。"真是个倔强的姑娘,我把纸巾塞入她手里,她还是忍不住号啕大哭起来。小C告诉我,她是公司新来的实习生,今天早上某个Case的产品信息被她搞错了。

自那次事故以后,小C更加卖力地工作,除了偶尔会抱怨主管是个张牙舞爪的母老虎、写稿脑子不够用、客户虐她千百遍之外,生活似乎平淡无奇地往前走去。

不错的领悟力和足够的付出,加上恰逢其时的机遇,让小C在30岁的时候拥有了自己的安居之所和随时出行的座驾,高大的奥迪Q7和娇小的她似乎不太相称。她说小身材配大车身才是真性感，这是对她穿越"考验"的奖赏。

她搬出了原本蜗居的小屋，参观她的新房间时，阳光透过飘窗将室内烘得暖融融，从桌上的鲜花就足以看出她对新家的用心。

而此时周围的人都夸她好厉害，轻而易举就得到了自己想要的东西。

小C说她最怕别人这么一本正经地胡说八道。因为他们不知道她为此付出多少精力，不知道那一个个四下无人的黑夜她的努力，他们以为生活对她来说易如反掌。

"天地良心，这可是朕一兵一马打下的江山。我爬雪山过草地的时候，他们可没少落井下石呀。"小C嗔怪道。

于是傲娇的她请了年假，当大家埋头吸霾的时候，小C在朋友圈晒起了日光浴、翻越了八达岭，在大草原上策马奔腾，驾着雪橇从长白山上俯冲而下，羡煞旁人。等大家回过神时，她已经开着那辆奥迪Q7尽兴而归。正如小C说的："我就是想看看他们看不惯我，又干不掉我的样子~"

小C用长时间的蛰伏与日积月累的努力，让自己拥有了对抗生活艰险的力量。

正如她钟爱的奥迪Q7，花了两年时间，从北极圈的极端严寒，穿越到南非的灼热沙漠；从惊险的柏林赛道，穿越到荒野的试炼场……完成了各种恶劣环境的考验。内敛而进取的品质，恰似经历黑夜破茧成蝶的小C，而浴火归来的光芒终将让人惊叹。

或许我们所期待的明天，看起来遥不可及，而我们当下的每一个小努力，似乎都不值一提。但执着的人儿，注定会在岁月的淘洗下，雕琢内核，茁壮筋骨，将生活磨砺出微光。而你所付出的一切，岁月都会回报你。

成功的路都不是容易走的路

[1]

旧友从深圳回来，在我的咖啡馆聊天，说到我们自己与这个多变的时代，她忽然悠悠地感叹道：你人生的每一次重大选择都是正确的。我反问她，你觉得至今为止，自己做过的最正确的选择是什么，她答得干脆：买房子，去深圳。

买房子的时候，她谈了一个深圳的男朋友，感情正烈，答应帮她付房子的首付。她相中武大旁边一个高档小区，惶恐地下了定金，后来，她男朋友看到武汉的房产广告，说宝贝，你买的是武昌区最贵的房子。

她当时没有固定工作，生活过得安逸而散乱，买了房子以后，整天在我面前叫嚷压力大，然而，她整个人都不同了，开始认真写稿，认真找工作。

不久，她去深圳投奔爱情。去之前也是各种纠结，觉得她的根基人脉都在武汉，深圳那么大的城市，有没有她的容身之处？我毫不客气地对她说，其实你在哪儿都是一张白纸。

虽然男朋友后来还是分了手，她在深圳的工作机会却比武汉多。几年后，把武汉的房子卖了，在深圳付了首付，再后来的故事大家都知道了，深圳的房价一个跟头十万八千里，她如今经常跟我们憧憬自己的退休生活：把深圳的房子卖了，回老家当富婆。

无论买房子还是去深圳，对于当时的她而言，都是非常艰难的选择，意味着要走出安逸，承担风险。

[2]

纵观我自己的人生，艰难的选择不计其数（请原谅我放纵不羁爱自由），简单说有三次。第一次是离开国企去杂志社，第二次是离开杂志社做自由写作者，第三次是离开睡到自然醒的自由写作者，做半夜爬起来写稿的"公号狗"。

离开杂志社的时候，我已经是编辑部主任，与女报杂志的同行聊天，他说，我们这里，做到中层就很少辞职了。

我去杂志社不久，我所在的国企开始裁员，此时我父亲"你为什么要放弃安稳生活"的质问言犹在耳。在我离开纸媒，做了几年自由写作者之后，纸媒的大船开始倾斜、沉没，别说中层，连高层跳槽转行都屡见不鲜。

我是一个有神奇魔力的人吗？当然不是。

讲了这么多，其实你们已经看出来了，无论我那位朋友眼里正确的两次选择，还是我在她眼里，每一次都正确的选择，里面有一个共性，就是在我们迷茫不知选哪一条路的时候，幸运地选择了难走的那条路。

[3]

每个人都向往安逸，安逸对年轻人而言却可能是一个陷阱。某一天，你会发现，你想过的安逸生活其实是一条下坡路，你要求那么低，却还是没有办法维持它的水准，因为时代变化太快，在拥挤的潮流中，你不向前，就只有退后。

向前、向上的路，通常是难走的，你会无数次想到退缩，无数次受到打击，你像去鹰群里抢食的小鸡，每一天都惶恐不安，害怕被吃掉，日子一天天过去，终于有一天，你发现自己变成鹰了。

做公号的这一年，我经常有"老娘不干了"的念头。有时候刚按了发送键，脑袋里就跳出一个好标题，恨不得用脑袋撞电脑。公号文章，标题意味着成功的一半。这种挫败感往往会持续到想到下一个好标题为止，起初是三五天，如今我只给自己一天时间。我做饭时在想标题，做梦时在想标题，我婆婆跟我说话时我还在想标题，这次见面，她觉得我最大的变化，一是瘦了（太好了），二是不爱说话了，我当然没办法告诉她"随时想标题"是什么鬼。

这一年，我频繁地骂自己笨。不过，我的另外一个体会是，你经常骂自己笨，别人基本上就没有什么机会骂你笨了。

[4]

经常有人问我，要离婚，要分手，要换工作，怎么选。这是很难回答的问题，因为基本上这样问的人，其实都希望选一条容易走的路，而在我看来，能够真正解决他们的问题，开始新生活的，恰恰是那条难走的路。

因为难走，你会调动所有的潜能，去克服遇到的困难，找寻自己舒服的点位，你受了最多的苦，也是最直接的受益人。

难走的路，通常是上坡路，你不是俯下身子去捡那种生活，而是踮起脚尖够那种生活。踮起脚尖当然累，还可能遇到拔甲之痛，但也只有这样，你才能收获理想的状态。你曾经的偶像，如今是你的同事；你曾经买不起的衣服，现在买了一件又一件；你曾经觉得做不好的事情，现在做起来就像左手摸右手。

你的潜能远远比你对自己的感觉靠谱。

我也为自己下过很多自以为正确的定义。比如我没办法在咖啡馆写稿，太吵；我没办法多线思维，一次只能想一件事；我没办法写快稿，一篇文章要在肚子里养成"白胖子"才舍得生；我不擅于说话，不擅于经营……现在，我的感受是，只有一件事我肯定做不到，那就是回到18岁，而且我根本不想回到18岁。

"我不行"其实只是你退回去的借口。你虽然不可能每一样都行，但我们所遇到的大多数的选择与难题，都是可以靠勤奋解决的，远远没有到拼天分的地步。

当你觉得自己做不好一件事，请问问自己，你有没有做梦都在想这件事。如果你做梦都在想怎样做好它，结果还是在及格线以下，你再认输。

新年即将到来，"迷茫时，选难走的路"，是我送你的新年祝福。

成功，拼的就是谁能坚持到底

在现实中，我们经常见到那些资质平庸但靠着勤奋和坚持取得傲人成绩的人，就像我们经常见到那些聪明伶俐却落魄失意的人一样。

谈论起来，聪明人多半会不屑地说：他呀，上学时多笨啊。我那时但凡再努力一点……

也许从一出生，人的智商就有高低优劣之分。但决定人生成败的却往往并不是智商，而是耐力。

耐力是一种难能可贵的能力，不知有多少人的一生就输在了缺乏耐力上。

要想拥有坚持不懈的耐力并非易事，需要你扛得住磨难，经得起诱惑，耐得住寂寞，忍受得了孤独。

可人都有惰性，也都喜欢追求享受。学生时期的题山题海总不如打打游戏来的轻松；工作时期的刻苦钻研总不如推杯换盏来的痛快。

我们总是羡慕别人的成功，甚至嫉妒那些本不如自己的人的成功，却不知别人为这份荣耀经受了多少劳苦。

凡事三分钟热度，做事虎头蛇尾，即使有一定天赋和聪明也终将一事无成。往往事情半途而废不是因为单调的重复而心生倦怠，就是因为遭遇到瓶颈而心生怀疑。

人生，其实就是一场自我的圣战，能够随时控制自己情绪才是真正的睿智和坚强。

水滴石穿，铁杵成针，只有越挫越勇，屡败屡战，才能完成一个从量变到质变的过程。所谓厚积薄发，离不开平时一点一滴一时一刻的努力。

不要在该努力的时候选择安逸，不要心存侥幸，今日你所偷过的懒必将成为日后无法挽回的不甘，每一个人必须为自己的过去买单。人生没有白走的路，每一步都算数。

不做不切实际的幻想，不好高骛远，不这山望着那山高，立足自身，找好定位，就要一往无前。有时候，也许我们离成功就差了那么一点点，不要半途而废，否则之前的努力也都付之东流。

人生路漫漫，拼的就是心态和耐力，要么心态够好，要么耐力够足，笑到最后的人才笑得最好。

坚持努力也是一种生活的仪式

"我最近很忙，改天我们一起吃个饭。"

"忙晕了，忘记给你打电话，周末再约。"

"抱歉，开会，我要晚到一会儿。"

"亲爱的，我被堵在路上了，再等下！"

"我昨熬夜忙文案，今晚还得一个通宵，吃饭都没空了。"

"你在忙什么？我都快忙死了，等你不忙的时候我们约饭哈。"

生活中、朋友圈、耳朵边都充斥了上面这些"忙语录"，这种约饭听了就别当真，一定遥遥无期。

这种迟到遍布任何约会，等人已经成了常态，然后就是看手机，不时接打电话，兼顾回复各种信息，然后跟上一句："太忙了。"

之前有人跟我感叹："晚上11点前睡觉该是多么幸福的事情。"我问："难道你连这个都做不到吗？"对方回答："我要忙着改变生活现状，有上进心的人谁舍得早睡？得利用一切时间努力啊！"

我又被溅了一身鸡血。工作N年之后，这位还是个销售员，晚上是不舍得早睡，可早上更不舍得早起啊。

说是工作自由，其实就是公司好混；说是忙着赚钱，其实就是给自己找个马上就要成功的借口。你胡吃海塞发胖不运动，熬夜不规律，你那不是忙着生活，而是在忙着找死。你那不是有上进心，分明是贪心好吗？

一段时间里，我以为大家都好努力啊，甚至为自己"不忙"感到无比羞愧。因为别人约我吃饭、喝茶或是小坐，我基本都会说："我不忙，提前跟我定时间就可以。"

我偶尔也会被放鸽子，等对方的时间长过了吃饭的时间，小坐时被对方的手机弄到索然无味，再没有了聊天的欲望。

真的都那么忙？那还约什么饭看什么演出啊。

有人再忙也不会耽误朋友圈里的各种晒，工作时候晒出差、晒机票、晒会场、晒酒店、晒工作餐，当你把酒店房间都拍仔细了放在微信群里的时候，我以为你实在是忙得太闲了。

各种工作、各种努力、各种鸡血、各种辛苦都晒到朋友圈的时候，其实谁都清楚，不过是为了向老板邀功，唯恐同事没有心生嫉妒罢了。

人生轨迹各不相同，但有一点挺相似：活着，不在生活里折腾一把是不甘心的。可忙来忙去，你到底忙到了什么？

身边好多忙着努力的人，有点样子的生活却少之又少；好多标榜自己优秀的人，有点情趣的日子却基本看不到；情感更是莫名其妙到遇到的永远不是你想要的。奢华遍地却难见教养，努力声声却不见体面。

不要再说你很忙了，我又没想跟你约饭。因为吃饭对我来说是一件非常重要的事，在家要买好菜煲好汤，用漂亮的餐具盛放，等家人围坐在餐桌上正式开始我们的晚餐。

在外要定好餐厅，换上得体的衣裳提前到场，等朋友一个个到来正式开始我们的聚会。

其实，我们都需要这样的仪式感告诉自己，除了生存还有生活，除了过日子还要有情趣。我们唯有如此心有敬畏，才能感受到好好活着就是一种幸福。

换句话说，生活越是让我感到痛苦迷茫时，我越是会认真做好洗衣、做饭、理家这些看似微不足道的事情。这种认真里的仪式感会给予我力量与安全，我身上渐渐拥有的那种光芒无可替代。

对于仪式感，圣埃克苏佩的小说《小王子》里有这样一段生动的解读。小王子驯养了一只狐狸，第二天去看望它。

狐狸说："你每天最好在相同的时间来，比如说你下午四点来，那么从三点起我就开始感到幸福，时间越是临近我就越感到幸福，到了四点的时候我就会坐立不安，然后我又会发现幸福是有代价的。如果你随便什么时候来，我就不知道什么时候该准备好我的心情，这应该有一个仪式。"

小王子问："仪式是什么？"狐狸回答："是经常被遗忘的事，仪式就是使某一天与其他日子不同，使某一刻与其他时刻不同。"

记得有一天要去听音乐会，时间很紧了先生才下班赶过来接我，电话中我还是坚持让他先回家，换了前一晚搭配好的衣服才出发。那些能够盛装出席的男女都是音乐厅里的另一道风景，仪式感能让我们感知尊重别人才能够赢得尊重。

当音乐给予我们快乐的同时，我们相牵的手也在传递幸福的暖意。那一刻，就真的和其他时刻不同了。

再忙，也要好好吃一顿饭，留点时间和亲人、和爱人、和朋友真诚相处。再努力，也要记得调整方向，留点空间爱自己、爱别人，提升修养，对生活抱有敬畏，对情感全力以赴。

当"努力"变成鸡血，"忙"字总刷屏的时候，本该轻松的生活变成了活给别人看的木偶剧，本该是港湾的家倒成了最不安稳的隐患，最终毁掉很多原本用过心的男女。人生本就艰难，你找到了舒适幸福的生活状态，要比获得成功重要得多。

我努力，是为了拥有干净的圈子；我赚钱，是为了过上规律的生活；我跑步，是为了遇到中意的人；我变强大，是为了能心平气和地远离庸常。

因为害怕而放弃太不值当了

生活的强者总是善于扭转逆境中的人生。爱迪生说："我才不会沮丧，因为每一次错误的尝试都会把我往前更推进一步。"扭转人生的第一步，就在于抛却一切负面、消极的想法。

如何承受逆境？这是一种压力心态。或许你曾试过一些方法，再找一份工作、再结识一位伴侣、再使家人恢复健康，让快乐的时光重现，可是却都未见成效。有些人或许会重新振作，扭转困境，但当一再陷入压力时，往往就失去了再尝试的勇气。为什么会这样呢？只因为我们每个人都想逃离痛苦，没有人愿意承受压力。当一个人付出全力去做，结果得到的尽是失望的时候，请问他还有勇气去尝试吗？是经常受到失望的打击，我们不仅不愿再去尝试，甚至根本不相信还有任何可为之处。

若你发现自己有了不想再尝试的念头，那么就得当心这种心态，你已经患了"无力感"的心理病了。

拿破仑·希尔说："幸好，这种病并不是绝症，只要你现在就改变自己的认知和做法，那么所有的不如意就会一扫而空"。

扭转人生的第一步，就在于抛却一切负面、消极的想法，别一味相信自己什么都不行、是无可救药的了。何以你会这个样子？只因为曾经试过好多次不见成效，就意味着自己束手无策了吗？要记住这样一句话：过去不等于未来。过去你曾怎么想、怎么做都不重要，重要的是今后你要怎么想、怎么做。

在驶往未来的道路上，许多人是借着后视镜的引导，如果你就是其中之一，那么就不免会出意外。相反，你应放眼于现在，着眼于未来，看看有什么能使你变得更好的方法。

扭转人生的另一重要步骤，就是坚持到底，为改变困境努力不懈。

许多人曾说过这样的话："为了成功，我尝试了不下上千次，可就是不见成效。"你相信这句话是真的吗？别说他们没有试上100次，甚至于有没有10次都颇令人怀疑。或许有些人曾试过8次、9次、乃至于10次，因为不见成效，结果就放弃了再尝试的念头。

不知道你是否听过桑德斯上校的故事？他是"肯德基"连锁店的创办人，你知道他是如何建立起这么成功的事业吗？桑德斯上校高达65岁时才开始从事这个事业。那么又是什么原因使他终于拿出行动来呢？因为他身无分文且孑然一身，当他拿到生平第一张救济金支票时，金额只有105美元，内心实在是极度沮丧。他不怪这个社会，也未写信去骂国会，仅是心平气和地自问："到底我对人们能作出何种贡献呢？我有什么可以回馈的呢？"随之，他便思量起自己的所有，试图找出可为之处。

头一个浮上他心头的答案是"很好，我拥有一份人人都曾喜欢的炸鸡秘方，不知道餐馆要不要？我这么做是否划算？"随即他又想到："我真是笨得可以，卖掉这份秘方所赚的钱还不够我付房租呢！如果餐馆生意因此提升的话，那又该如何呢？如果上门的顾客增加，且指名要点用炸鸡，或许餐馆会让我从其中抽成也说不定。"

好点子固然人人都会有，但桑德斯上校就跟大多数人不一样，他不但会想，且还知道怎样付诸行动。随之，他便挨家挨户地敲门，把想法告诉每家餐馆："我有一份上好的炸鸡秘方，如果你能采用，相信生意一定能够提升，而我希望能从增加的营业额里抽成。"

很多人都当面嘲笑他："得了吧，老家伙，若是有这么好的秘方，你干嘛还穿着这么可笑的白色服装？"这些话是否让桑德斯上校打退堂鼓呢？丝毫没有，因为他还拥有天字第一号的成功秘诀，我们称其为"能力法则"，意思是指"不懈地拿出行动"：在你每做什么事时，必得从其中好好学习，找出下次能做好的更好方法。桑德斯上校确实奉行了这条法则，从不为前一家餐馆的拒绝而懊恼，反倒用心修正说词，以更有效的方法去说服下一家餐馆。

桑德斯上校的点子最终被接受，你可知先前被拒绝了多少次吗？整整1009次之后，他才听到第一声"同意"。在过去两年时间里，他驾着自己那辆又旧又破的老爷车，足迹遍及美国每一个角落。困了就和衣睡在后座，醒来逢人便诉说他那些点子。他为人示范所炸的鸡肉，经常就是果腹的餐点，往往匆匆便解决了一顿。

历经1009次的拒绝，整整两年的时间，有多少人还能够锲而不舍地继续下去呢？真是少之又少了，也无怪乎世上只有一位桑德斯上校。我们相信很少有几个人能受得了20次的拒绝，更别说100次或1000次的拒绝。然而这也就是成功的可贵之处。

如果你好好审视历史上那些成大功、立大业的人物，就会发现他们都有一个共同的特点，不轻易为"拒绝"所打败而退却，不达成他们的理想、目标、心愿，就绝不罢休。

多方且一致地去尝试，凭毅力与执着去追求所企望的目标，最终必然会得到自己所要的。可千万别在中途便放弃希望。这句话说来简单，但我们相信你一定会从内心同意，就从今天起拿出必要的行动，哪怕只是小小的一步。这样，对你增强心态会是一次重大的推动。扭转了逆境，你也就迈上了成功人生的第一步。

生活中不乏酸甜苦辣，面对艰难困苦我们应该学会一笑置之，这样才能够放下心中的阴影，轻松地走在今天的阳光里。古人用一副绝世对联告诉我们：人生在世不过短短数年，要视宠辱如花开花落般平常才能不惊，视名利如云卷云舒般坦然才能无意。我们的人生是短暂的，如果把功名利禄、荣耀光环看得太过重要，那么很容易迷失在那些肤浅的东西上，从而丢失了人生的真谛。面对生活的艰难困苦，学会一笑置之或许你会有别样的感受……

［生活总会留点鸿运给固执的人］

凌晨三点，大雨过后的柏油路反着光。

莫楠的左手握着右手，不断摩挲着食指的TASAKI戒指，这戒指是她很喜欢的牌子，戒面是小巧的碎钻和珍珠攒成的小花，素雅又生动。当初在专柜见到时，她往食指上一套就舍不得摘下了。

今天，莫楠加班至凌晨三点。

紧张之后的松弛，让人感觉格外轻松。她为自己倒了一杯蓝山咖啡，斜倚着巨大的落地窗，眺望远方。

夜色深不可测，小汽车携着急促的喇叭声在街上飞驰，纵横交错的霓虹广告牌散发出朦胧的味道，法国梧桐直挺而铺张的枝叶在半空中交汇，在浮光掠影里生出长驱直入的快感。

莫楠就这么静静地站着，脑海里浮现多年前只身而来的，无畏无惧的自己，突然觉得鼻头发酸。这让她想起来，上一次彻夜的加班已经是十年前。

十年前，网络上还没有"城市迷走族"一词。

莫楠辞掉了家人安排的工作，尽管这份工作人人羡慕，她却觉得生活不该如此寡味，于是辗转来到千里之外的广州，打算重新开始。

时至今日，莫楠仍记得离家的那天，母亲的眼泪和父亲的怒不可遏。"你长大了，翅膀硬了，既然要走，就再别回来！"她一言不发，沉默而固执地拎起了行李箱，心里憋着气，暗暗发誓将来一定要让他们刮目相看。

然而，现实就像一记耳光，重重地打在她脸上。

切断了过往的一切人脉和资源，新的起点远比想象中困难得多。整整三个月，尽管她不断去寻找工作机会，却始终没得到一份录用通知。曾经引以为豪的工作经历毫不留情地被无视，彼时的雄心万丈如今在骨感的现实里一落千丈。

仍记得，那场面试。

胖胖的面试官斜着狭长的眼睛，跷着二郎腿，将她的简历抖开。

"你是本科？学历这么低。"对方一副遭遇拦路乞丐时满含厌恶的口吻。

"可是，招聘启事上写的是本科或本科以上啊。"莫楠额头冒汗，双手局促地扭在一起，怯怯地说。

"那是针对广州本地人，你是吗？"面试官咄咄逼人。

莫楠无奈地摇了摇头。

面试结束，莫楠疲惫地走在大街上，烟灰色的天幕下，不远处的太和文化广场热闹非凡。

走进地铁入口，莫楠想到最近几天已经艰难到一天只敢吃一顿饭的地步。站在站台上茫然四顾，看着眼前行来过往、黑压压的人群，她不知道自己该向哪个方向走。

想着刚才的面试，想着在她转身的刹那，面试经理将她的简历包上口香糖，随手扔进了废纸篓里的傲慢。莫楠眼眶一热，顾不得路人诧异的目光，积攒多天的眼泪终于忍不住流了下来。

几乎穷途末路时，她终于等来希望的橄榄枝。月薪不足三千元，天蒙蒙亮就要从床上爬起，搭半小时公交车，再转一小时的地铁去上班。

钱包干瘪，莫楠在住房问题上也面临着不停搬家的窘迫。就像有一只巨大的怪兽在后面追赶着，她必须得周末全天跑上跑下，不断拨打着电线杆上小广告的电话，挣扎在打包和求宿的境遇中。

工作则是既忙碌又枯燥，不是夜以继日地与各式表格打交道，就是伏在办公桌上与手工账本里的蝇头小字做斗争。倘若遇到收支不平衡，还得心急火燎地找出那笔微毫的数字差，越心急越手忙脚乱，于是彻夜翻着凭证对账本就成了莫楠生活里最常见的桥段。

之所以反复对账经常是因为彪悍的会计在某个神经搭错的瞬间豪迈下笔，把0添成6，把6倒成9。

尽管这样的差错不时上演，但是面对会计大婶一身白花花的横肉和斜睨的小眼神，菜鸟莫楠也只是敢怒不敢言。

加班得到的好处只有一身酸疼，莫楠累狠了就陷在沙发上半生半熟地睡一会儿。

七个月后，公司倒闭，她失业了。

这是莫楠来广州的第一年。

凌晨三点，橘色的灯光洒满小小的出租屋，狭窄的窗台上云竹叶子上泛着微亮的光。莫楠躺在床上不愿起来，很累，也很舒服。窗外如深渊一般的深夜，看得人想纵身一跳。

气氛突然变得很悲伤，她的眼泪当即滂沱而出：明明在父母身边可以工作得更好，何必摸爬滚打地挣扎在这钢筋水泥筑的大城市，甚至，还得不到一个预期的结果？

逃离的念头再一次萦绕心间，她一个个电话打过去，向学姐请教，跟闺密商量，和发小讨论，甚至不知所措到抛硬币以求获得上天的指示。后来，她给妈妈打电话，试探地问，若回家可好？得到的回应是妈妈欣慰又疼惜的肯定。

可是，就这样算了吗？

当初她羡慕别人的努力，羡慕他人的生活风生水起，羡慕他人年纪轻轻已担大任的强大，羡慕他人一边打工一边旅行的洒脱。现在，又要转身去继续之前嗤之以鼻的生活吗？

挂在嘴上说说的人生，又有什么资格获得想要的生活呢？

内心世界的两个小人交战甚酣，墙上的时钟嘀嗒、嘀嗒走着。辗转难眠，莫楠烦恼地昂起头，看到指针已赫然指向五点。

晃荡着去路边的小摊吃着油条喝着豆浆，在油乎乎的板凳上，在腾腾的热气中，于他人的匆忙中，前一刻还在留下与离开的抉择里惶惑的她，终于横下心决定留下。

生活不会永远如我们所愿，只身逃离不会扭转乾坤，纵然头被撞破，血流一身仍得不到好的结果又怎样，至少不会在年老时后悔当初。

找工作依旧很艰辛。

莫楠工作的第二家公司是一家德资企业。

新的工作忙碌而有节奏，本来她对这份工作的满意度是百分之百，然而当发现德国佬那只随意揩油的肥腻大手，莫楠眉头紧蹙，心底一下变得黯然。

某个星期五，行政部盘点办公室易耗品，让莫楠忙得团团转。

她双手捧着文件夹正要回到自己的办公桌前，忽然臀部被划了一下。她一怔，回过头去，非礼她的经理正看着她挑衅地笑。

愤怒袭上心头，这个杀千刀的德国佬，竟敢趁机占便宜！莫楠刚要骂出口，主管已经在叫她："小莫，赶快把月报表整理出来。"

莫楠又看了经理一眼，那色眯眯的眼里仿佛也生出一双毛茸茸的爪子，她顿觉喉头一紧，紧接着鼻头一酸，眼泪几乎要落下来。

然而，她只是不动声色地坐回了座位。

屈辱吧？

想愤然离职。

但是，离职以后呢，再尝一次三餐不继、四面无援的滋味吗？

骄傲？原则？自尊心？

呵呵！

在填饱肚子之前，这些，算得了什么！

那天，莫楠在广州已待足两年。

十年后，微博上已经有人将"城市迷走族"的概念提出来，并为之总结出"走过几次的路仍然没有印象"、"写联系方式时，突然不记得自己的手机号码"、"做菜时，糖与盐，酱油与醋傻傻分不清楚"等十二条具体表现。

莫楠看着这十二条标签，情不自禁地泛起微笑。

手机铃声忽然响起，莫楠放下手中的咖啡，接通了电话。

电话另一端是多年的好友，莫楠曾在广州招待过她。

她在美国攻读博士，为回国还是留下踌躇不安。

"不知所措的时候，坚持下去就是对的，坚持到底你就会豁然开朗了。"莫楠这样对电话另一端的朋友说。

简单的一句话，她足足用了十年来验证。

十年，她的事业有了进展，一路前行，见识了不靠谱公司的坑钱手段，领略了高大上公司的格子间争斗。当然，薪水和位置也一路水涨船高。

如今，她偶尔会站在办公室的落地窗前，俯瞰这座城市，回忆起当年。

迷走，不是伯牙、子期知音难觅的怅然，而是人在心途迷失了方向，忘了来时的路，失去了出去的方向。我们之所以疼痛不堪，不是丢失了视线所及处那些心爱的物件，而是一不小心坠入密树浓荫的迷障。雾霭模糊了心之所往，行走其中，不自觉地浮躁，且毫无知觉地遗忘了最初的目的，渐渐屈服。

生活的肌理却是点滴，或哭或笑，或肆意或失意，都是其骨架的零件，然后才铸就了真实有血肉的个体。所谓成长，没有谁与你感同身受，它往往滋长于顽强不屈的自助，既然选择了生活的某个方式，你必须自己驱散迷雾，因为没有别人能帮助你。

星期一，下午茶时间。

部门的年轻职员七嘴八舌聚在茶水间。

几个女孩此时正在兴奋地交流着办公室八卦，她们眉飞色舞，空气也掩不住这份欢喜。

莫楠拿着骨瓷杯朝茶水间走去，她准备冲一杯咖啡醒醒神。

"莫姐真是太不近人情了，我就错了一个小数点，至于板着脸嘛，还是缺爱的三十岁老女人都这样啊？"

一句抱怨，传入她的耳中。

她走到门口。

"是啊，你看她有多无趣。"同仇敌忾的附和声已先她一步响起。

气氛变得尴尬，女孩蜜桃一般的肌肤泛出虾红色，漂亮的大眼低垂着，手脚不知如何安放，圆润的鼻头甚至冒出了细密的汗珠。

莫楠瞄了她一眼，便不动声色地移开了目光。

这个城市与十年前相比并无质的改变，萝卜糕依旧缺少萝卜浓郁的香气，加班的晚上也仍有大雨倾盆。

苦尽甘来的好处不言而喻：低欲求，易满足。

每当听到这样的吐槽，莫楠总是一笑而过。

回头去看过往的辛酸，比起青春的哀与乐，拼搏的甘与苦，莫楠真心觉得，即使被手下的员工认为太不近人情，也不能降低要求。毕竟，作为一个上司，有太多的事情要考虑。

凡事非常态才容易生美。

你不需要别人的怜悯和关怀，你真的不需要。

眺望马路对面的肠粉摊，莫楠贴着玻璃窗，饶有趣味地看了又看。

抉择，它实现的最终目的不是自由，而是拥有自己的世界，依附梦想，独立自我。如果你现在走在一条看起来没有尽头的弯路，尽管你感觉痛苦也一定要迎难而上，坚持走下去，路是你自己选的，有勇气选择就该有耐力承受，别怕什么都失去，至少还有希望在。

柏油路自有它的曲直，而生活总会留点鸿运给固执的人。

别拿知足常乐来做你不坚持的借口

[1]

五年级时候的何小安想当一名班主任,她觉得当老师是一项伟大而光荣的职业,她说如果将来她做了班主任,定要把班级管理得井井有条,无论成绩好坏,都会得到应有的尊重,一视同仁,她要成为拯救教育界的一颗明星,名入史册功留千秋。

初一时候的何小安想拥有一家自己的公司,她在日记里写:我要开着宾利奔跑在高速上,享受风在耳边呼啸的快感,我要坐在最高层全景落地窗的办公室里,在每一份起决定性作用的合同方案上,签下我的姓名。

高三时候的何小安,目标是美国麻省理工学院,并考取世界范围内人才寥寥的北美精算师资格,她说,所谓梦想,就要宏远一点,不论做不做得到,都要努力。

大四时候的何小安,想要进入一等外企,优越的外语成绩,靓丽的青春样貌,充足丰沛的精力,工作中的升职加薪那还不是势如破竹手到擒来的事情吗?

事实是,28岁的何小安既没有成为教育界的超级英雄,也没有坐在真皮椅子上签合同,更不必论精算师的资格和外企的主管高层位置。

何小安的朋友圈状态从一个个激情澎湃的鸿鹄之志,变成了岁月静好现世安稳的祈愿，然后又成了生不逢时怀才不遇，最后只剩下"平凡可贵"的自我安慰。

她给我打电话，聊起近况。

她说：在一家私营人少的企业，拿着一份不高的工资，找了个工资略高于她的老公，在那个充满潮湿的南方城市，过着混吃等死的日子。

想了想，又开口，不知道是安慰我还是安慰她自己：也没什么不好的，我要知足常乐。

我问：从前不是很要强，从不输人吗？

她沉默，然后回答：很早就没有那些激情了。

碰巧我去她的城市出差，她约我出来小坐，在与她的闲聊中，我对她的近况有了一个比较全面的了解。

当年她是要出国的，可是她妈妈说，国外的生活很辛苦，言语不通生活习惯不同，她自小娇生惯养的，肯定受不了。何小安想象了一个人背井离乡的日子，想象了人生地不熟连个知心朋友都没有的样子，便没有坚持，她不愿意吃苦。

后来她考到了一个还算不错的学校，学了当时很热门的英语专业，她的学校在一线城市，她想进外企的决心也是真的，然而毕业之后的求职路，漫长而修远，周围的同学劝她，找个差不多的就得了，要求别那么高；父母也劝她，回家来，留在我们身边，不要在外漂着；然后七大姑八大姨也来劝她，一个女孩子在外边算什么事，回家来趁早结婚生子才是要紧。

年轻的何小安遵从了父母的决定，回到了南方小城。

本来其他事情都能妥协，爱情上仍然坚持宁缺毋滥的何小安，在27岁那一年，还是接受了相亲结婚的命运，原因是她们的那座小城27岁已经是剩女中的剩女，父母每天都像热锅上的蚂蚁，恨不得大街上拉个男人回来娶了何小安。

何小安开始怀疑自己的坚持是错的，她陷于一种不结婚即是大逆不道的舆论里，邻居，亲戚，同学，似乎都在议论纷纷，她终于还是放弃了，想着也没准婚姻可以给她带来一些不一样的生活，以此来挽救如同一潭死水的自己。

她的丈夫，工作成狂，半夜归来，清晨离开，于他而言，家更像一个酒店，唯一的不同就是不用每天续付房费。何小安安慰自己，有个喜欢挣钱的老公也不错吧，至少自己不用为钱的事情过分操心。

一年之后，何小安怀孕，丈夫说：把工作辞了吧，专心带孩子。

何小安答应了，她说她越来越懒了，也不再像从前一样，对生活有很多梦想，好像当个全职妈妈也没什么不好，得过且过也是过。

她低下头，一手托着脸颊，一手用汤匙不断搅拌杯子里的咖啡，说：可是不知道为什么，经常会觉得怅然若失，总觉得生活一点意思也没有。

日复一日的重复，年复一年的重复，确实没什么意思。

那大概是因为，在与岁月做斗争的这些年里，没有实现的目标，以及身边不断的打击，连带着那些被岁月磨平的棱角，让她对生活失去了欲望。

[2]

有一个很著名的实验，叫做"温水煮青蛙"。

将青蛙投入已经沸腾的开水中时，青蛙因为受不了突如其来的高温刺激会立即从开水中跳出来逃走；但是如果把青蛙先放入装着冷水的容器中，然后再加热，结果截然不同，青蛙会因为开始的水温舒适而在水中悠然自得，直到水温持续增高到无法忍受时，已经无力反抗。

生活有时候并不会将你一下子置于死地，它会出其不意地制造一些小麻烦。比如周遭的人际关系，比如亲朋好友的意见，比如一次没有拿捏好的抉择，比如一次不该放弃的放弃或不该坚持的坚持，慢慢地一点一点地打击你前进的信心，久而久之，你只好安慰自己：大概这是命运早就安排好的一切，实现不了的愿望，没有那种命吧。

于是所有的雄心壮志被全部推翻，从开始的我一定要成为一个什么样的人，变成我也许能做好这些事情，再到我做不了这些事情我没那种能力，最后只剩下一句，算了就这样吧。

不得不说，困境的样子总是千奇百怪，说不好哪一个就成了让我们对生活失去热情的原罪。

[3]

我有个朋友说起她的叔叔，郁郁不得志了三十年，从二十岁到五十岁，叔叔当年是村子里唯一的大学生，长得文质彬彬，写得一手好文章，一心想要去城里的报社工作。

那个时候，叔叔家虽然穷，但是家规很严，父亲的话就是权威，父亲说一个男人不要成天写什么无用的文章，娶个媳妇回家种地来年有个好收成才是正经，叔叔没敢忤逆。

于是她叔叔就娶了个邻村的女人，过起了与父辈同样的日子，日出而作日落而归，朋友说这些年她叔叔过得很清苦，不是缺少物质的那种，是精神上。叔叔抽烟酗酒相当厉害，酩酊大醉常有，仿佛没有了依托，每一天都过得无所谓，除了酒，对一切都不热衷。

直到有一年，朋友春节回家，与叔叔举杯对饮，喝到尽兴时，叔叔突然哽咽，他说：这个时代很好，可以坚持自己想要做的事情，你还年轻，要把握和珍惜，有些机会一旦错过了，就是一辈子。

朋友说她觉得很矛盾，一方面理解叔叔的怀才不遇，一方面又觉得他咎由自取，因为这些年，他不是没有机会改变现状的。

叔叔结婚后的第四年，他同学从大城市回来说他们的单位需要一个写文章的人，叔叔同学想起叔叔当年文笔非常好，便问问叔叔愿不愿意去城市里重新开始写作生涯，但是叔叔在村里开了一个小卖部，总体而言，小卖部的生意让他的生活条件成了村子里的中上等。

叔叔割舍不下这样的安稳，不愿意换一座城市重新开始。

大概正常人都会做这样的决定吧，因为家庭，因为稳定，这样的抉择无可厚非，但选择之后还抱怨就显得不合时宜。

还有一次，村子里的学校缺老师，校长找到朋友的叔叔说：你有文凭，不如来学校里当老师吧，只要你去考一个教师资格证就好。

叔叔开始是很激动的，但是一想到还要通宵达旦地学习考证明，然后要准时准点去学校上班，他就犹豫了，这些年过惯了自由散漫的日子，尽管心里对当年错失的机遇耿耿于怀，这种感觉却越来越淡了，淡到他甚至没有为之再努力一次的欲望。

他最终还是放弃了这次机会，继续过着他开小卖部的安稳日子。

[4]

一个人离自己当年的梦想越来越远，有的时候是因为生活所迫，有的时候是因为生于忧患死于安乐，随着年龄的增加，越来越不敢轻易地改变现状，于是，那些所谓的野心，也就变成了尘世里的沙子，风一吹，就散了。

张爱玲说的那句"成名要趁早"，我是这样理解的：年轻的时候，对生活的好奇和探索处于相对来说比较有欲望的时期，精力和体力都跟得上，时间比较充裕，对自己自信，对未来有期待，所以在一个领域去坚持，容易成功。

而随着年龄渐长，已经被社会无情地打击了N遍的时候，人们就会对生活的期望值不断下降，对自己的要求不断降低，终于从野心勃勃变得安于现状，然后找了很多借口告诉自己，平凡没什么不好的，我现在也没什么不好的，那些曾经的愿望或许本来就不属于自己。

当你对生活给你下的绊子没有及时做出应对的时候，就有可能在打击里信心全无，余力不足，而任由磨难大行其道，渐渐地，对这些磨难从疲于应付，到难以应付。

其实你可以在一开始就把这种消极扼杀的，从一开始就坚定你的愿望，不论受过多少的挫折，只要有希望，就去干。

[5]

我在网上看到过一句调侃：间歇性踌躇满志，持续性混吃等死。

这可能是很多人的现状，包括我。

可是，如果你懒于改变，那么你就要忍受以后几十年如一日重复的人生，还有时不时地自我安慰"算了吧，安稳点才是好的，没实现就没实现吧，那么多人都没得到自己想要的，也不差我一个。"

你的野心勃勃也终将渐行渐远，直到你再也不知道野心这个词语该怎么写。

并不是说一定要去为难以实现的梦想买单，而是不应该在明明可以努力奋斗的年纪，却选择了毫无斗志还劝说自己这是知足常乐，知足常乐这个词语应该用在"足"之后，没有充足的金钱和时间，何以谈"足"与"乐"？

你要怀揣着野心雄狮，让它发光发亮，让它尽情嘶吼，让它助你拔山盖世。多年以后，你才能够站在碧海蓝天之下，拥有你当初梦想拥有的一切，不负这光辉岁月。

你脚下，皆是你用年轮努力拼来的基石，它们让你站在最高处，散发出耀眼的光芒。

你选择了稳定，就不要怪别人取笑你

[1]

在本该岁月静好的日子里，有一天，你从办公室午睡完，抬起头来，突然觉得不快乐。

毕业那年，你也不知道自己要什么。整日浑浑噩噩，父母说公务员好，你就考了公务员；姨妈说老师好，你就当了老师。他们说：稳定好啊。

你，问问自己，你真的懂什么是稳定吗？

在很多二三线城市的父母心里，他们对女儿的稳定其实是有一种潜规则暗示的，那就是"你只要负责买得起奥利奥"，其他的，"父母，老公，神秘人"会负责你的奥迪和迪奥。

你负责拿点小钱貌美如花，那人负责"挣钱养家"。

所以一旦"稳定"下来，女孩子大多两条出路，那些嫁给了土豪的，自然滋润无比，将未来优劣全盘交付给那个男人；可是你，似乎运气没有那么好。你选了一个和你同样稳定的人——然后你们俩开始稳定地穷着了。

这时候你才渐渐发现，你以前以为的稳定就是没有竞争，没有压力，到点发工资，孕产期可以逃班，同事和平得像慈善义工。你在安逸里，好像渐渐变成一个对工作毫无要求的人，反正那工资到点就发，分毫不差。

[2]

可是，突然有一天，就那么腻了。

两点一线，连上班路上垃圾桶的位置都能背出来。同事领导要退休，已经心不在焉。所有脏活累活杂活莫名其妙的活，都堆给你干。这枯燥的工作让你开始怀疑人生。你年少时的梦又开始蠢蠢欲动。

朋友圈的女同学已经背上了爱马仕，游完了迪拜，你羡慕的不是她的纸醉金迷，而是，她比起你来，不用听一辈子没出过单位的老妇女，讲些莫名其妙的鸡毛蒜皮。

你听腻了。你踮起脚来，看见大城市的霓虹在隐隐发光，背后却又是无边的黑暗，你犹豫着要不要出去拼一把；可是——孩子，父母，公婆，牵绊已经太多。你看看身边的男人，他比你还要热锅蚂蚁，四下无门。

你在想，自己是不是真的选错了。

不是选错——而是，稳定并不代表停滞。

[3]

这个世界上没有任何职业，可以让人躺着睡大觉，从此不去学习，不去钻研，不去认真成为一个"在其位谋其政"的人。

你图公务员稳定，可是三年后，眼见着和你同期进单位的朋友，就牛气地考到省直单位去了。你的朋友，他选择了稳定地向前，而你，似乎相比之下，懒了一点，尤其是在有了孩子之后，所有人对你好像已经不再有要求。可是，比起那些挺着大肚子还要加班的企业员工，你是不是太幸福了一点。

而那些选择了"出去闯闯"的人，就一定过得比你好吗？也未必。她们有的一而再地跳槽，有的烂死在一段要死不活的恋爱里，在大城市里混了几年，除了学得更会花钱了，毫无长进。

那姑娘说：我好害怕，三十过后，我会在这个城市混不下去。

那你就去看看，神气十足的到底是哪些女人呢。在那些不稳定的、动荡的生活里，如何稳定下来。

一开始，她们是部门最肯吃苦耐劳的那个人，早出晚归，给领导提包倒茶给办公室扛纯净水修马桶，干一切别人不干的事。

后来，她们是办公室最肯动脑子的那一群人，她们会指出方案上明显的常识错误，她们试图理解同事为什么今天情绪那么不好，她们关注更好的理财方式，她们日夜写案子，在哺乳期背着奶上班，成为最辛苦的那一批职业女性——

她们像杂草一样在这个城市野蛮生长。她们的狠劲，使得身边的伴侣也丝毫不敢松懈。因为稍不注意，他们就会失去她们。

于有一天，好像人生开挂了。每天手机响个不停，仿佛业务就那么自动找上门来。她开始有时间和朋友出去喝下午茶，顺便谈谈工作，钱，好像就那么不太缺了。她有钱有闲还有自由，成为那些老家女同学眼里羡慕的人。

属于她的稳定到来了——稳定的能力，带给她哪里都能找到饭吃的资源。

[4]

人生有时候，很难讲谁选对谁选错的问题。想要稳定，绝不是错，同为女人，我太懂你因要肩负生育天职，想想就已经觉得腰酸背痛，谁又想还要成为顶梁柱去体味"那滋味"。

我也是。

可是你们知道吗，昨日去了靖港，在初春的暖阳里，和朋友静静喝了茶。回来的路上，所有压力袭来，累得有点想哭。终于同朋友说，写稿写到想吐的时候，孩子哭闹着抱大腿的时候，就羡慕那些吃完饭就打麻将只哄哄孩子的女人，将所有光阴及未来交付那个男人，而我，到底是为了什么要和自己这么死磕。

为什么我就做不到那样。人生的最初，我也只想过点稳定的日子就好。

可我知道啊，生活有时候，哪由得你偷懒，演员刘涛谈起自己这一路"豪门破产励志戏"，颇有一种"能做许晴勿做刘涛"的无奈感。

不是她要破败，不是她要突围，命运推她，无能为力。望着她在真人秀里的神奇整理术，我颇为感动。这是被生活扇过耳光的女人，再也不是温室花朵，豪门娇女，命运逼她"雄起"，她不得不伸手诀别那摊生活的烂泥。

哪里有真正稳定的小日子。中国人连活着，就已经要费掉全部力气才能活得八分体面。每个人都很难，若你不觉得难，那你要当心，谁替你抵挡了那些难，你的稳定建立在谁的动荡之上，而那动荡，又是否已经危矣，你却浑然不觉。

别停。是的，别停。偶尔停下来，那是休息，而不是停滞。

可多少人一开始想稳定，就是想选择停滞。坏事情就是这么开始的。

这个世界上，没有稳定这个梦。艰难是我们的财富。动荡是我们的历练。这世上有只愿意靠着夫荣就满意了妻贵的男人，可是，那不是我们。如果你太了解自己不是可以打着麻将就过一生的女人，还年轻，还有的选，也和我一样，有着骨子里对自己的要求，那就永远不要选择什么稳定。

唯有如此，你的生命力以及未来，才从不依仗着谁。你终有一天会比谁都"稳定"，但这双手力挣的能力，永不消退。

一个女人的好运气是怎么开始的？我相信，是当她有权力选择从此落定，而依然徐步向前的时候。

别因为懒，而失掉原来可能的精彩

昨天是某主持人的生日。看到这个新闻时，朋友与我正在吃饭。朋友刷着微博说，你知道吗，之前我对他并没有什么感觉，但是自从我跟他合作之后，对他真真是由衷敬仰。我自以为的勤奋，如果拿他做参照物，那就是懒人一个。

朋友跟我说起他合作过这位主持人的一些感触。朋友说：

当时我们做一个项目，需要跟他几天，我只是跟着他，不做任何事，就只在旁边观察他，可是真的好累，我比他年纪小了一轮，都已经累爆了。而他一直处于工作状态，并且时刻保持着饱满的情绪，每天跟下来，我只想回酒店睡觉，而他还要继续工作或者找朋友宵夜。

跟了他三天，我对他只有叹服了。

这三天里的某天，我跟着他飞了两个城市，早上六点，我们到达上海，飞机降落，当我睡眼惺忪地看到他时，他可以用精神焕发来形容了。

那天要录制一档网络节目，三个小时，这位主持人在台上与嘉宾互动，调动现场的气氛，调节现场出现的小问题。我只是在旁边站了三个小时，就已经累得精神恍惚了。而他一直站在台上，并且要掌控整个节目流程。那一天，我简直怀疑他的脑袋里是不是装着一台计算机。才可以这样流畅又没有疲态地做下来。

结束一场录制，中间间隙，我们在一起吃饭，就在这个时候，几家媒体要采访他，他礼貌有加，回答滴水不漏。我在想，他真的是机器人吗，他都不饿吗，他的脑袋不需要放空休息吗？

他的时间里的每一个缝隙都填满了工作。从一个频率切换到另一个频率，像一个永远不会松开的发条，你知道的，我曾自诩为是一个高效率的人，可是那一刻，我觉得，如果他是在路上奔驰的汽车，我简直就是冒着黑烟跑不动的老卡车。逊色多了。

我问他，你不觉得累吗？他说，有时也会呀，但是我在做喜欢的事，就还好啦。

项目结束之后，我一直在想，我号称做着自己喜欢的事情，仗着自己有那么一点点才华，就总想着偷一下懒——没必要像其他人那样用勤奋来弥补才华上的不足。我总想着舒服度日，工作强度稍大，便哭天喊地，觉得是受了天大的委屈，人生了无生趣。

可是我发现，真正强大的人，是有着才华又很拼的人，他在我的眼里是有着主持天赋，算是老天爷赏饭吃的那种，我从来没有想过，他会如此的勤奋，我从来没有想过，做到他的位置，还需要如此拼。有时候你不得不承认，别人比你优秀，比你成功，一定是有道理的。朋友说完几乎忘了吃菜，又好像在反思了。

其实，我也蛮震撼的，朋友口中的这位主持人我一直比较喜欢与欣赏的，他在台上反应敏捷且有着掌控力，他可以体察到现场每一个人的情绪，并会及时做出调整，有时候我觉得他是一个人精儿，但是我从来没有想过，像他那么大的咖，常常赶深夜的飞机，常常连续工作几十个小时，一直保持着状态，却从不叫累。

在我的生活里，也有着大堆很拼的朋友。

就在刚刚，朋友阿音微信说，昨天她工作了17个小时，早上七点起床，到凌晨两点，除了起身喝水吃饭，她一直在写作。今天又看了一本书，写了五千字，现在脑袋晕晕的。

我说，其实你应该放空一下，你已经在透支你的精力了。没必要这么拼吧。

她说：不可以。这一阶段还有很多事没有做。还没有到休息的时候。

我说：其实以你现在的资历，没有必要把自己搞得这么累。

阿音说：就算有一些资历，也不可以为自己的懒找借口哦。

我一时无言以对。

我时常在阿音面前自惭形秽。阿音是我朋友圈里，在写作方面很有天赋的人。也是我朋友圈里拼命三娘里其中的一娘。阿音的文字浑然天成，笔触之地即便是生活再平常不过的小事，也能被她描述得妙趣横生。我时常说，如果我有你的天赋，就不会那么拼。

阿音在这时会反问，为什么不拼，难道不是应该知道自己在某一方面有点才华，要去珍惜吗？不然那不是暴殄天物？而且，才华这种东西，不会一直伴随你，你不知道它哪一天会突然消失。所以更得加紧用呀。

阿音的话，似乎很有道理。

我一直觉得，勤奋与拼，是一个过于狰狞的词。更多的时候，它常常属于资质平平的人。以示一种安慰：我不算聪明，可是我很勤奋很拼呀。

笨鸟先飞嘛。

或许，这是一个错觉。先飞的那个，常常是聪明的人。

我回望了一下自己身边的一些朋友。例证了我的想法。

在我身边相对较懒的人往往是一些资质平平的人。大多数时候，他们（包括我）都在浑浑噩噩度日。每天睡到自然醒，优哉度日，什么事情并不着急做，有了想法，在还没有实施之前就已经忘记了，或者找上一些理由搁浅了。

或者事情进行到一半，遇到困难，便知难而退，他们会说，人生苦短，何必为难自己。不如回归到生活中，上班打卡，下班喝茶，日子过得悠闲。

而实际上呢，日子里空荡荡的，连个凭吊的回忆都没有。

而另外一些人，他们非常知道自己想要什么，正因此，他们有着严格的自律与超乎常人的勤奋。我有一位朋友喜欢瑜伽，他会在下班之后，去进修，他们的内心有着一种驱动力，促使他们行动。因为目标笃定，所以风雨无阻。

什么是懒惰？

百科上的解释是：懒惰是很奇怪的东西，它使你以为那是安逸，是休息，是福气；但实际上它所给你的是无聊，是倦怠，是消沉。

你的吉他是否买来之后一直放在角落里落灰，而在此之前，你曾经想着自己作词作曲，指尖触碰琴弦便可以流淌出美妙旋律，而实际上，你的指尖还没有生出茧你就已经放弃了。

你是否决定了要每天跑步、瑜伽、练字，但是你的坚持从没有超过一个月。

或许你会觉得自己没有时间，很忙呢，没有时间。你是否反思过，你的忙只是瞎忙，你的忙只是因为你懒得去规划时间，去寻找更有效率的方法？

而你我，反观过往，是一个这样偷偷懒惰的人吗？

在你的生命里，有你真正想要做的事情吗，有你迫不及待想要实现的事情吗？你还在找理由拖下去吗？

当然，舒适并不代表着懒惰，而每个人都可以选择适合自己的生活方式。

只是，别因为懒，而失掉本来可精彩的人生。

穷其一生，也要去追一个梦

其实我不信缘，但我信冥冥之中，总有一些什么在督促着你看见自己内心深处的梦想。因为那是你喜欢的东西，那是你一遇见心脏就会加速跳动的东西，哪怕你说出来于旁人而言是微不足道，对于你而言却随时在敲打着心腔。

孩童时候，像每个清澈纯净的小孩子一样，喜欢的就会坦白想要，得不到的总会赤裸裸地忧伤。每天的目光就像探照灯一样，四处寻觅，发现那些能够与意识产生共鸣和爱憎的东西。

比如，那些令无数孩子们"憎恶"的"别人家的孩子"，比如那些让每个被成绩折磨得死去活来的学渣们各种恨的学霸！他们除了在挣取分数这个领域拥有出色的技能之外，竟然还时不时霸占一下作文课，以及各大演讲赛。

我为什么要提到作文，因为那时候我就喜欢文字，喜欢在字里行间摸索生活的喜悦，喜欢静静地读上一个故事，喜欢偷偷地写下几行"情书"。

因为艳羡，自己常常幻想能够与他们对调。那个当作范文被戴眼镜语文老师当众朗读的文章是属于我的，他们只是拎起了我看到了却还没来得及去捡的灵感，仅此而已，仅此而已。

那个时候，不管刮风下雨、开心伤心，我都日日夜夜地做着梦，而且没有任何无所事事、虚度年华的罪恶感。我梦见像那些学霸们一样加入阅读班，梦见参加仿佛武侠小说才有的各路大侠过招的全国比赛。梦做得多了，开始登峰造极，甚至期待有一天可以出人头地，成为知名的作家，可以签名售书，可以将自己的作品拍成电视电影……

我的梦带给我铺天盖地的虚假的正能量，但又常常让我在午后的大太阳下体会午夜梦回的那种空落落的失落感——我，一无所有。

现在回头来想，其实那时候的一无所有似乎应该是一个小女孩最充实的状态。在追逐梦想的最开始，你总该体会那种刺痛。

一次次刺痛之后，我又一次次追逐、发力，我想写出一篇不被差评的文章，但到头来还是被评为"无知流水账"。

实在记不起到底哪位语文老师发明了这个词，然后把它馈赠给了我。那种插科打诨、懵懂纯真的形容感，让我至今记忆犹如昨日。

因为"无知流水账"确实刺痛了我稚嫩的心灵，我被打倒了，然后沉寂了很长一段时间，回复到每天乐呵呵、疯玩发呆的生活常态。

我似乎忘记了我当初的信誓旦旦和那个关于文字的一连串的梦想。因为我有点恐惧地觉得，那应该只是遥不可及的，就是你伸出手，它却在比云端更高的地方，它是"云端之上的梦"。

直到有一天，我与这个"云端之上的梦"，再次相遇。

那是一个夏日的下午，没有风也没有云。母亲让我整理藏在床底下的一些旧箱子，里面乱蓬蓬地塞满了我从小学开始累积的课本和作业书。"全是你的东西，凌乱得不成样子，如果不需要了，就扔掉好了。"母亲愠怒地数落着我。

我脸也蒙了灰尘，像只唯唯诺诺的土拨鼠一样一声不吭地埋着头，一本一本地整理，仿佛自从没有了云端上那个梦之后，我就如被抽去内芯的生物，空空的呆呆的，大有看破人生的老气横秋的倦怠感。如今觉得真是相当矫情，"少年不知愁滋味"啊！

然后我看见了其中一本作文本，翻开，里面有一段关于过去的那个云端上的梦的描述……我现在深刻记得那篇文章的开头,我所写的一句话——

未来的我,想要当一个作家,我要写好多好多故事,要让所有人都喜欢我写的书。

所有的梦想与渴望,都该这样赤裸裸才对。那些含沙射影、藏着掖着、环顾左右而言他的,绝对不是真爱啊。

是啊,孩童时候每一个小小的我们都怀揣着一个自以为了不得的梦想,坚定地认为在不久的未来可以成为科学家、警察,或者是作家,可以代言地球上的真善美。这是所有孩子们都会异想天开的理想和美梦。但……这真的仅仅只是个玩笑话吗?

至少,你我都曾真心对待,至少你我曾小心珍藏。

当阳光穿透纱窗照在那本作文本上,当幼稚的笔迹强迫跃入眼帘,深埋在心底的那个云端的梦,又发芽了……我又一次开启了常规地碎碎念模式反问自己:为什么不能呢?为什么不行呢?为什么还没有尝试就觉得没有办法呢?

那一瞬间,我突然异想天开地做了一个决定,我要伸出手,哪怕一生只能接近云端一次。

于是从那一天开始,我像神经病一样去努力,阅读大量的书籍,从世界名著到国学经典,我爆发了我所有的小宇宙,只为了距离它更近一步。

当你向着自己的"乌托邦""理想国"出发,一路的坎坷和石子也随之而来。你要走你要奔跑,就要承受阻碍的痛,别忘了,连风都是有阻力的。

我按照每一个追梦的孩子应该经受的模式……被冷落、跌倒,一次又一次,一遍又一遍。

当投出的稿子被退回来,甚至跟上街被人群挤丢了一样销声匿迹;当文章无人问津,看不到一点回应;当被犀利地批论情节平淡,文笔麻木……我不断接受着梦想的洗礼,每一次都更生疼了,也更崭新了。

我曾经犹豫过一段时间，我问自己是否要准备过"一眼望得到尽头"的人生，过活着只为了等待死亡的日子。生存也许不需要目的，生命也许无所谓理想。

没有人回答我，最后我还是选择了自我。摆在我面前的只有两种选择——坚持或放弃。

看着邮箱里满屏幕的退稿，我开始给自己补充维他命：你是相信你自己，还是相信其他人对你的判断？如果相信自己，那么当你失败的时候，再努力一次！如果努力后又失败了，那就再一次努力！再努力一次！再努力一次！我要做的……只有相信自己！

现在感觉，这段话翻译成英文会比较好一些，因为可以夹杂一些音调很重的粗暴的词，那样才足以表达我漫漫长夜的徘徊与饱经折磨。

然后，我再次救活了自己，继续循环追逐的状态。继续每天看书，每天反复读自己所写的故事，不停地更新，不停地调整。

终于有一天……

你们一定知道这个老套却意料之中的桥段，那一天，我长长舒了一口气，伸出手接过了命运的馈赠。

我看到它躺在橱窗的书架上，那我出版的第一本书，也是我微不足道的梦想。

所以，梦想，可能是每个人都曾经拥有的东西，对于女孩，它有着更弥足珍贵的意义。我们都要付出一个身心，一段青春，甚至一生。引用《千与千寻》的一句话：往前走，不许停，别回头。

现在，我又有了新的"云端之上的梦"，也许我会穷极一生，但，我仍然会像当年的那个自己一样，选择坚信。然后，默默开始。

你不一定会成功，但你一定要努力

[1]

看到高考成绩的那一刻，埋在心里三年的酸楚瞬间化成了眼泪一涌而出。

高考是我高三以来考得最好的一次，但全省的高考情况反而是近几年最不好的一次。很多人都发挥失常，我却从模拟考全市2000多名冲到了高考的全省前500名。

同学们都很诧异，说我"运气好"。只有我自己知道，拼到这个成绩，我已经用尽了所有的力气去忍耐我所遭受的冷暴力，最终才没有被高考的压力彻底打垮。

高中的时候，我是一个理科永远拖后腿的理科实验班学生。理科实验班聚集了全校成绩最拔尖的学生，是学校领导和老师们的掌中宝、心头肉，所以我们班的考试成绩都背负了沉重的使命感，每个人的成绩都会被无限放大，成为全校的谈资。

考得好——"不愧是实验班的！"

考得差——"竟然是实验班的？"

我就属于那种在实验班死命挣扎再怎么努力也是考得差的那一梯队，自然成了老师的"眼中钉"、"肉中刺"。

高中最好的哥们儿在班上一直排前几名。高考后我们时常聚在一起回忆高中，每当他用一堆诸如"和蔼可亲""耐心""热情"等等的词汇来形容我们高中老师的时候，我只能皮笑肉不笑地回应"是吗""哈哈""好吧"……

因为在我的高中生涯里，我看到的老师一直是不会笑的，至少笑的时候不是对着我。

当我们全班都在备战生物竞赛的时候，我还在为每次的生物遗传题拿不到一半的分而苦苦纠结。当我们全班的物理平均分每次都能稳稳上90分的时候，我只能考50分。当我前后左右桌的数学都上了140分的时候，我才为自己终于考了一次130分暗自庆幸。

是我不努力在放弃自己吗？平心而论，除了成绩上不去，我符合一切传统意义上"好学生"的标准。我学习认真刻苦，尊重师长，团结同学，在团队合作中总能成为一个优秀的领导者。但是仅仅只是"成绩上不去"，就足以成为老师们不待见我的理由了。

每次我尝试向老师请教问题，他们的冷漠脸都会直直冷到我心里，语气中感受不到一点耐心，脸上却是写满了"实验班的学生竟然连这个都不懂？"的表情。作为班上家庭经济条件最不好的学生之一，分配助学金的时候，我都会被直接跳过。因为口才不错，我还被班上的同学一致推荐去电台做节目，可是班主任二话不说当着我的面就把机会给了另一位同学。班上排名top10的同学生病，班主任亲自送到医院嘘寒问暖；我感冒到趴在桌上起不来的时候，向班主任请假，他让我自己坐公交到医院打点滴……

庆幸的是，我还算是遇挫则强的人。觉得受了委屈，就在别人吃饭的时候一个人躲到操场大哭一场，哭完接着滚回去学习。生物和物理特别差，不会做的题目就拼命研究答案，直到弄懂。每一次考试都尽量不去计较排名，少为别人的眼光计较得失，把时间都花在反思总结上。

虽然进步缓慢，但心态和成绩都在逐渐改善。高考结束，心中已然满是可以超越自己的底气。

[2]

如果你以为我是在讲述一个"差生逆袭啪啪打老师脸"的励志故事，那你就错了。

我当然也抱怨指责过有些老师的偏心和势利，但多年以后，再回想起高中经历的一切，我已经不会再去埋怨有些老师对我造成的伤害。

当时的我在他们眼中就是一个成绩不好家里又穷的loser，一个怂包，我没有权利也没有能力去要求他们像对待优秀学生一样笑容满面地对待我，他们也有权利选择自由表达自己的情绪。我不想用老师这个身份去对他们进行道德绑架，我只能尽力让自己成为一个能配得上别人尊重和友善的学生。

他们只是一个有着"老师"这个神圣职业的普通人而已，要求一个普通人对所有学生都大爱无疆才是桃花源式的理想主义。大多数普通人，都会喜欢成绩好的学生，因为他们符合这个社会所设定的"优秀人才"的标准。

同样，大多数普通人，都或多或少会嫌贫爱富、趋炎附势，只会对优秀的人给予笑脸和尊重，这就是无法改变的人性，也是关系型社会中残酷的生存法则。

优秀的员工才能和老板称兄道弟，差劲的员工只能为老板跑腿打杂。你埋怨老板对你尖酸刻薄的时候，就应该想想自己是不是在为公司创造价值的那一批人，值不值得老板的嘉奖鼓励。

人活一世，最难逃过成为别人口中茶余饭后的谈资。你要优秀到别人在背后对你闲言碎语的时候，都是在怀疑你的成功是不是走了捷径。而不是在拿你的人生作为前车之鉴吓唬小孩要好好读书，以免成为下一个你。

你得不到别人的笑脸相迎，不怪他们太无情，只怪你还不够行。

要让你的能力配得上你的虚荣，让你的优秀配得上你的自尊，让你的视野配得上你的骄傲。如果你和我一样笨，那请和我一样努力吧。

你不一定会成功，但你一定要努力。你不一定会成为人人敬仰的人上人，但是努力学习、奋力拼搏的过程会让你的人生愈加深刻而非日渐浅薄。即使有一天，你还生活在俗人的圈子，你也终将不再被俗气沾染。

有梦想，
是一件很幸福的事

[他的人生告诉你，该有梦想]

脱口秀女王奥普拉·温弗瑞曾说"一个人可以非常清贫、困顿、低微，但是不能没有梦想。只要梦想存在一天，就能改变自己的处境。"

你的人生是什么？

也许你并不知道你的人生是什么，而是别人告诉你的。

很多获得成功的人，会告诉你怀揣梦想和到达成功的彼岸充满了喜悦，会让你的人生与众不同，走出困境。

在我们对人生没有丝毫概念的时候，妈妈开始问"宝贝你长大了想干什么呀"，上学了老师会说"你要为了梦想而学习、努力和拼搏"，从那一刻起我们就已经有了一个根深蒂固的观念——人生要有梦想，才能有意义，才有盼头。

长大后，我们一部分人成了梦想的实现者和受益者，他们开始语重心长地对别人说教"人，一定要有梦想"，比如经常在讲台上说教的老师（小Q也经常这样自以为是）。

还有一部分人成了梦想的失败者和抵触者，屡遭失败的他们开始躲到生活的角落，告诉别人"无追求是一种最高境界，你得看破红尘、看淡一切，像我一样"。

还有一部分人，比如台湾著名漫画家蔡志忠，不断用梦想的实践，验证着人生几何，他会告诉你"人生努力是没用的！人生像走阶梯，每一阶都有每一阶的难点，你没有克服难点，再怎么努力都是原地跳"。

所以，或许我们得思考一个问题。

你的梦想是来自于别人尝到的甜头，致使你也想功成名就？还是来自于妈妈的期望，逃脱不了的"别人家孩子"的阴影？还是来自于你内心最真实的渴望，想要完成一件事，历练一种能力，获得一种认可的愿望？

这个思考，事关重大，关系你能走多远。

[梦想都是五彩斑斓的吗]

也许你要说，梦想肯定都是五彩斑斓而美好的，只是通往这条成功之路的人生都是写满血雨腥风的拼搏史，容易到达的就不是梦想，一脚泥泞一脚惶恐，成功之路就是"土黄色"的。

但你肯定关注过这一群人，他们的人生不需要拼搏，他们从出生就带着金灿灿的光环而来，在你眼里，对他的人生评价写满了"羡慕嫉妒恨"以及永远到不了的远方，他们有没有"梦想"我们不得而知，也许一切都有了，梦想就成了宁静的白色。

还有一些人在你看来是每天撞钟的和尚，从小和尚撞到了老和尚，终有一天在你不经意间，他们也撞到了生命的终结，他们的"梦想"是与白色形成强烈反差的黑色，是探究不出所以然的。

还有大部分人像猴子搬玉米，一生有太多梦想，骚动得顶天立地，却往往只能迈开双腿走两步换一个，丢下一堆桃子比玉米甜、西瓜比桃子水多、兔子比西瓜好玩的理由，最终两手空空。在他们那里"梦想"一直是彩虹，而且永远是彩虹，只能远远看着，默默许愿，消失了也安然接受，大不了就重新再鼓舞起斗志。

就在我写这篇文章时，我正在医院的病房里守夜，临床是一个不停呻吟的15岁小女孩，她被脊柱肿瘤折磨得生不如死，在她那里梦想只有红色，简单而单一，那是生命的颜色，梦想对她就是一种奢求，她每天最想的就是不要疼痛。

……

每个人心中都画着不同颜色的梦想，或是负担，或是斗志，或是幸福，或是一种体验，什么颜色，只有你，心知肚明，只需要你正确认识。

[梦想束之高阁、泥泞布满全身]

记得那些刚毕业的年月，我们都怀揣着信誓旦旦做出一番事业的豪情壮志，在谁人面前都是一副山河无限好的勤劳致富憨豆形象。

有一搞工程的哥们，第一次到了工地，要求自己坚持和民工划清界限，有坚强的内心和精致的生活，运动、洗澡、刷鞋、刮胡子、看书、学习，拒绝一切工程娱乐，即使是迫不得已的娱乐也要保持自己的高姿态，他非常坚定地告诉自己"我不属于这里，更不属于灰头土脸的生活"，于是他拼命读书，下决心要考出去。这样的人，在工地一定被当作怪咖。

一年下来，看书书不尽，加班加点的工作，让他无暇再过精致生活，有时竟也不顾一身烂泥倒床就睡。

不搞娱乐也考试失败，搞娱乐难道就真的没有出路？

所以，这哥们开始怀疑自己的梦想和人生。

肯定是哪里错了。

不接地气，不得好死。工地就是这样，学这个专业就得灰头土脸。想明白这些，他开始融入一切，再也没人认为他是怪咖。

久而久之，什么是梦想早就被束之高阁。

也许你觉得，这就是现实。梦想的最大障碍就是现实。

蔡志忠从4岁半就知道自己的梦想是画画，一个农村的孩子，现实告诉他，不可能，你没有条件，但是他自己创造了条件，一画就画了一生，并且成为杰出的漫画家。

林清玄不相信没受过教育就不能写作，他17岁开始独自闯荡，开始用笔杆子书写梦想，他坚持每天打工每天写作，30岁前他得遍了台湾所有文学大奖。

其实每个人梦想的最大障碍是自己，是你把自己困在现实中，给自己找了无数理由。有很多"蔡志忠"，在第一次梦想被当作是笑话之后，就再也没有谈起过画画这个梦想；有很多"林清玄"在打工回来筋疲力尽的时候，脑子里想的是"我先做到丰衣足食吧，梦想等有钱了再说"（好好想想你是不是这样的人呢？）。

从此梦想被自己束之高阁。

[梦想为什么只走了两步]

蔡志忠说努力没有用，他说的是在努力的前提下，学会克服难题，才是关键。我们从一开始都很努力，无论梦想是什么颜色，都曾信心十足，但有多少人真正实现了梦想呢？

为什么你的梦想只走了两步？

第一步找到梦想，第二步开始奋斗。

对的，没错，你的很多梦想都是在"开始奋斗"时就夭折了。

第一次，我们失败是因为"大目标，小失败，困难来得太早"。我要成为一名画家，这是我的大目标，可我却因为第一幅四不像的画，第二幅擦坏了的画，第三幅弄湿了的画，心生厌恶，告诫自己并不是这块料，换个目标吧。人生就在这些换来换去的目标中流逝了。

第二次，我们失败是因为"低创造性的简单重复工作"。有些人从始至终只会做简单重复性的工作，拒绝挑战和创新，拒绝研究与论证，这样的梦想唾手可得，当然也就不显得有价值了。

第三次，我们失败是因为"失败是成功之母"。听惯了这句话，成了我们为若干不成功所找的最有说服力的借口，成功总要经历很多失败，到一定程度必定会成功，所以，对于从不总结经验的你，从不吸纳意见的你，成功之母永远是个未知数。

第四次，我们失败是因为"情绪占据上风，焦虑就像麦芽糖"。不成功的人，梦想难实现的人，也最不易控制自己的情绪。要么因为急于求成没有效果而焦虑；要么因为认定"环境小、自我大"而踌躇；要么因为遇到一点点困难就暴跳如雷。其实你应该知道，越大的梦想越困难，越难的事越考验你的情绪，你若焦虑就像黏牙的麦芽糖，只会让你举步维艰。

第五次，我们输给了时间。往往，我们的梦想一个两个很多个，什么都想做，放到一起，就没有了时间，不会计划，不懂得管理自己的时间，所有的事放在一起如蜘网难缠，最后使你精疲力竭，不得不放弃一个又一个的梦想。

最后一次，我们败给了"应付"这一绝招。每个人都会习惯性把不成功归结为"拖延症"，"拖延症"是我们"无从下手，不想下手，还有时间，就这样吧"等心理作祟的结果，干了一堆不相干的事，一边看着溜走的时间，一边焦虑得像个热锅上的蚂蚁，不会创造、没有经验，你说能不能做好一件事呢？

当然不能！所以最后你只得使出绝招应付了事。

拖延的后果就是件件事都应付，你就得不到任何肯定！挫败感使你丢弃一次次梦想，更丢弃每一个成功过程中可以发现和构筑的新梦想。

[怎么破？才能将梦想走下去]

1. 设立真正的梦想

有人做过统计，其实有99%的人根本不知道自己真正的梦想是什么？

能实现梦想的人，并不是把梦想当作可有可无的事，更不是偶尔想想的事，他也不把梦想当作工作，而是当作享受，全身心投入，也许一生只有一个梦想，只做一件事，做到极致，身心合一，有谁能不成功？

所以，你当问问自己的内心，最想要什么。

2. 将梦想与崇高挂钩

你的梦想无论从哪个点出发，无论带有什么颜色，最终的归宿应该回归到生命这个话题。

如果你的梦想只是赚钱，那你永远无法实现，永远无法满足。如果你的梦想是权利，那你总会耀武扬威地伤害到别人。如果你的梦想是快乐，且快乐是建立在自私的层面上，那你的快乐最终会以痛苦和分离而告终。

但是，你的梦想如果是崇高和健康的，你便不会轻易被困难吓到，因为你不是在为自己，责任感是最好的驱动力；你也不会轻易动摇，因为你知道充满艰辛很是正常，你会为每一小步成长而感到满足。

伏尼契说"一个人的理想越崇高，生活越纯洁"，对于这名言，小Q还想补充一句："一个人的理想越崇高，灵魂越轻松，成功越容易。"

3. 只有自己能决定

梦想在现实与成功之间，要么成真，要么成梦，只有自己能决定。你的梦想既不可以不切实际，也不可以只有大目标，没有小步骤，环境怎样是可以由自己来改变的。

4. 方法与心态之间，请选择心态

人生也许就是实现梦想的过程。有很多方法和经验教我们，边做边学，锻炼自己越来越能投入，锻炼自己身心合一，要求自己一步步迈上人生的阶梯。

其实，没有人能教你什么，你的心态如果告诉你"我必须完成这件事，非做不可"，那再大的困难你也能有办法解决。你的心态如果告诉你"我好像还欠缺点什么，试试再说吧"，于是，再小的困难也会引起你烦躁不安，甚至是焦虑。

5. 没有良好的心态，一切方法都是徒劳。

所以小Q今天不是教你方法，而是教你理清一些不能成功的思路，无法坚持的原因，方法是在你想通一件事情的过程中所获得的。

好好体验前进路上的每一次挑战，选对、想清楚、问自己、找方法，你就不会只走两步（第一步找到梦想，第二步开始奋斗），也许你会酣畅淋漓地觉得生活真的五彩斑斓。

好好珍惜纯洁的心灵吧，为自己的人生树立丰碑，也许梦想就是一件很幸福的事。

别因为难，就止步不前了

我有个怪癖，每次在网上看完新闻，总要翻到评论页，想看看网友们都有怎样的说法。结果，常常惊得我血液倒流。

比如有美女一边念书一边创业，年纪轻轻就有千万身家。多么励志的故事啊，简直让人热血沸腾，可是评论里，却有很多人说：是靠卖的吧？肯定有个有钱的干爹吧？肯定是富二代吧？

比如有富家千金爱上穷小子，很浪漫动人的一段爱情，在某些人眼里，再次变得俗不可耐：小编你瞎编吧，穷人不会有人爱的！那富家千金肯定眼睛瞎了！这小子肯定活儿好！

每次看到这样的评论，我总有触目惊心之感，很正能量也很正常的故事，这个世界每天都会发生这样的事，为什么总有人不相信呢？为什么总有人坐井观天，用如此狭隘的世界观来看这个世界呢？

我认识的一个姑娘就和某些网民一样，对整个世界都抱着怀疑态度。

看到女同学嫁了高富帅，别人忙着祝福，她则不屑一顾，且常常语出惊人：谁知道是不是真爱？看着吧，早晚得离！

几年过去了，女同学不但没有离，还过得挺好。姑娘又有话说了：不知道金玉其外败絮其内吗？表面上风光，不知道背地里受了多少委屈呢。这样的幸福，我才不羡慕！

亲戚家的女孩子上了名牌大学，还到部队里历练了一番，复员后也找到了很好的工作，简直就是吊丝的完美逆袭。逢年过节，大家聚在一起，最喜欢谈论的就是这个女孩的光辉事迹，并教导自家的孩子要向榜样看齐。

每每这个时候，姑娘总是有不和谐的声音发出：一个普通小老百姓，再怎么努力，也不可能当上兵，现在女兵多难当啊。不知道背地里有多少见不得人的交易呢，大家还是踏踏实实过日子吧，别想有的没的。

有同事升职，很高兴的一件事儿，姑娘在同事面前恭喜个不停，背过身，却在背地里面露鄙夷：切，就他那样也能升职？肯定有关系有背景，不然，这好事儿怎么可能落到他头上？

总之，凡是有人得到了她没有得到的东西，她都持怀疑态度，她怀疑这个世上有完美的爱情，她怀疑努力的意义，她怀疑一个人能够靠正常的渠道取得成功。她觉得世界上的所有人，都应该和自己一样，过着平淡平庸的生活。凡是与她不一样的人，凡是她没有经历过的事，她都不相信会真实地存在着。

某一天，我无意中进入她的空间，看了她随手写下的一些心情，终于明白了她为什么总是不相信任何美好的事。其实不是她不相信，而是心里有嫉妒的火苗在燃烧，所以就假装不相信，这样就可以蒙蔽自己，让自己心里舒服一点。可是久而久之，当怀疑成了习惯，她就真的不再相信任何事了。

我刚工作时，和一位同事很要好，因为都是职场菜鸟，做的也都是无足轻重的工作，所以彼此惺惺相惜，很聊得来。同事一直对我说，她想要换个岗位，或者跳槽，因为目前的工作实在太没有技术含量，太容易被取代。

她的话我深以为然，可以说对我的职场认识有启蒙作用。奇怪的是，我在那个公司工作三年，岗位换了三个，她依然还在原来的那个岗位上。公司不是没有别的岗位可以选择，可是每次有机会，她总是说，算了，这个工作我做习惯了，不想换，说不定新工作还没有这个工作好呢？

三年以后，我离开那家公司，她依然还在那个岗位上，做着随时可能被取代的事，拿着不高的薪水。碰到好的机会，我也会打电话问她，要不要挑战一下自己，换个难点的工作。她犹豫又犹豫，最后给我的答复依然是：算了，我怕做不好。有时候出去旅行，也想拉上她，她总是说：算了，我还是喜欢宅在家里。跟老友聚会，打电话叫她，她也总是说：算了，我不喜欢热闹的场合，你们玩得开心点。

后来，我跟她的联系渐渐少了，只偶尔在网上聊聊天，像普通的网友。我告诉她，有新来的大学生，试用期一过就升职，真是牛逼得让人仰视。她打过来简单的几个字：不会吧？肯定是老板亲戚。

我告诉她，去年到江南玩了一趟，江南的风景真的美如画，我都流连忘返了，真想一辈子住在那儿。她淡淡地回：是吗？我觉得哪里都一样，鲁迅都从来不逛公园的。

我告诉她，有人一年四季在路上，不但看遍世界各地的风景人情，还能顺便赚很多钱，真让人羡慕，好想也做这么随心的事。说完很久，她才发过来一行字：这么好的事儿，哪里轮得到普通人，你真是越来越爱幻想了。

再后来，我就跟她断了联系，一个把自己封闭在小天地里的人，你说什么她都不相信，更没有共同话语，即使想做朋友，也气场不合，无法融入。

这个同事，本来不是狭隘的人，只因为她太安于现状，害怕承担任何风险，害怕做任何改变，害怕挑战自己。慢慢地，就把自己缩在了套子里，眼界越来越窄，越来越不相信，这世上还有另一种截然不同的生活方式。

一个人想开阔视野不容易，想把自己变得狭隘，却特别容易，只要封闭自己就行了。不让外界的改变来打扰你内心的宁静，天长日久，你的周围就被无数的玻璃阻隔，你就再也看不到这个世界的精彩，也就再也不相信这个世界上有与你不一样的人。

一个人狭隘起来多么可怕，不相信任何美好的事，也就不会有任何希望，像冬天的草，只能慢慢枯萎。

　　如果你不想变得狭隘，那就不停地挑战自己，把他人的成功当作动力，不停下前进的脚步，哪怕走得很慢很艰难，也要一步步往前走。唯有这样，你的视野才会越来越开阔，才不会变成井底的蛙，才会是一个有趣又豁达的人，才会让你的人生良性循环。

勇敢面对人生的磨炼

你越强，

能够伤害到你的就越少。

面对伤害，

最狠的报复是让自己变强大！

没有磨砺的人生不是完美的人生

[人生的撕心裂肺，莫过于生离死别]

"我不记得那天晚上是怎么熬过去的，恐怖的宁静缓缓包围，一开始只是一阵寒意袭来，接着全身上下开始不停地颤抖了起来。当一个人受到太大打击时，听说是哭不出来的，那晚我终于明白了。"朴槿惠在她的自传中，这样写到父亲被刺杀后的感受。读到它的时候，不知为何，心生痛惜，悲从心涌。

人生的撕心裂肺，莫过于生离死别。一个人，当她亲历过亲人永别，那一瞬间，心生麻木的恐惧和寒战，足以将一个人的意念击垮。巨大悲痛，悄无声息，毫无预兆，让人生命跌入低谷，如同掉入冰窖。万物天地，寂寥无声，只剩得苍凉，茫然一片。

佛经里有句话，人生是苦、空、无常。这里首当其一的苦，大抵亦是灾难的一种。自然或者上天在夺走亲人生命，抑或财富时，我们唯一能做到的，或许只能以命运的不可辩驳性去接纳它，并通过时间去得到和解。无法抱怨和吭声，只能隐忍，这些足够验应了人的脆弱和渺小。

好在，这些在锻炼人意志的同时，亦考验的人智慧，心性的成熟；经历无常苦痛后，悲心的增长，感恩，水载万物的心境。

在得知父亲被刺，朴槿惠的第一反应是："边境有什么情况？"这是一句冷静得让人心颤的话。不难发现，她显然传承了父亲对待情感的方式，以智静，隐忍，担当的态度，对待自己与外界的关系。没有任何宣泄或流泪的机会。

要知道，她身体始终流淌政治血液，曾经是万人仰慕的第一公主，却又因失去双亲成为平民孤儿；有过青瓦台时期的鼎力支持，亦历经隐居时的众叛亲离……这些特殊的身份和经历，使得她的命运在历经悲苦后，更加隐喻非凡。

年轻和智慧，日后漫长生活的责任和担当，终究抵过情分无常：成为一个平静度日的普罗大众，还是心怀勇敢，慈悲，继续向前，选择与意念，往往就在一念之间。但不管如何，生活还得继续，毕竟弟弟，妹妹尚在人世，亲情还有陪伴，及一个不争的事实：成千上万的韩国民众的眼睛凝望着她。

朴槿惠说在历经苦难时期，看过一幅画，让她印象深刻，海浪汹涌拍打，岩石仍旧毅然耸立。在她看来，那不过是磨炼和痛苦的最好垫脚石。即便外壳海潮汹涌，霹雳冲刷，内核依然坚硬，有力。而人，同样亦该如此。

[上善若水，水善利万物而不争]

中国有句古话，叫上善若水，在朴槿惠身上，我们看到她以水一样的柔韧，盛载，托举，饱经苦难后的刚毅与容纳。她直面困境，跨越信心的坡梯，最终成为政坛一颗光耀明星，是韩国民众心中的一面旗帜和精神信仰。为此，她个人亦历经漫长的自我斗争，冲破人生黑暗，飞过沧海。破茧成蝶，美丽蜕变。人生就此得到升华。

因为她身份的特殊性，国民对她有爱亦有恨。喜欢她的人，亲切称她朴大姐，不喜欢她的人，说她是'冰山女王'。而她说，"冰，是坚硬万倍的水，结水成冰，是一个痛苦而美丽的升华过程。"

"在我最困难的时期，使我重新找回内心平静的生命灯塔的，是中国著名学者冯友兰的著作《中国哲学史》。它蕴含了让我变得正直和战胜这个混乱世界的智慧和教诲。"或许正是这些书，让朴槿惠获得内心宁静和平和的同时，亦让她真正探索出人生最重要的意义是什么。

她始终心怀人生重要价值和核心，并坚持正确的道路："人生一世，终归尘土，就算有一百年光阴，也不过历史长河中的涟漪。因此，人要活得正直和真诚。无论遭受多大考验，只要视真诚为道路上的灯塔，绝望也能锻炼我。"这一段话，更是被无数人传诵，成为指导。

为此，她在遭遇了政治上的困难与曲折后，内心坚定的信念，来自广大民众对她的支持，诸如此类力量和源泉的给予，最终成为韩国第一位女总统："我没有家庭，没有丈夫，没有儿女，国民就是我的家人，让大家幸福是我参政的唯一目的。"

或许是骨子里深受中国儒家思想的影响，在朴槿惠看来，人最伟大意念除了正直，诚恳这些基本"道德"品格之外，还应该有"净心"。她在一篇随笔记里谈道："只有当他达到'净心'境界的时候才能完成自己的使命；一心治理国家的政治家也一样，只有当他达到'净心'境界的时候才能履行为民奉献的职责……不管悲伤还是喜悦，不管职位高低还是身份贵贱，只要达到'净心'的境界就可以包容一切、敢挑重任。"

正是这样的"净心"让她在包容、挑起重任的同时，亦传递出内心的谦卑与感恩之情。

朴槿惠在竞选期间的一个细节让人记忆深刻：村里大婶让她过去吃一碗面条，她原本怕打扰大婶们的欢乐时光，以此为谢拒。没想到大婶们一脸失落，最终她同意吃下那碗面。

临走时，她说："谢谢您的招待，可是我现在没什么东西能送您当回礼，下次再有机会走这条路，我一定拿些饮料过来见您。"

后来，一位奶奶认出她："我知道你是谁，和死去的陆女士（朴槿惠母亲）长得真像呢，她生前做了太多善事，就算其他人把她忘得一干二净，我这个老人家是绝对不会忘记她的。拉电线到这个小乡村的人是你爸爸吧？"

说完奶奶就从口袋里拿出了揉成一团的几张钞票，要她拿去当零用钱，她婉拒，老奶奶依旧把几千元钞票塞到她手里，之后扭头离开，说，"振作点，往后的日子还很长。"

这样的举动和话语，让朴槿惠眼睛湿润。为此，我们不难发现她内心的柔软和慈悲，及心存感恩的大情怀。

一位历经苦难的女子，人近中年，双亲离开后，又历经世事变迁，巨大落差，打击，辱蔑，背叛种种，内心积压的悲冷，苦痛，世态炎凉，冷暖人情，影响，不可谓不深重。

人往往就是这样，可以坚韧的如同岩石，亦可以软弱如同芦苇。我们所历经的人世，有这样的悲痛、绝望，一定亦会有那样的温暖和真情。

他们在温暖人心的同时，亦让心生更多感触与力量。而这些力量，正是人在承受各种悲苦之后，不断向前，勇敢行走的动力与源泉所在。

人生悲坎，绝望，无力在那一刻，被韩国民众一个举止，一句话深切点燃，更加升起她对国人的敬重与感激。同样亦正是这些，使得她在政坛上越走越努力，坚定："我下定决心要为大韩民国的前途奉献余生，即使将来要翻过的山岭再险恶、再陡峭，我也不再犹豫。"

是的，人活着不是为了证明苦难，而是亲历过黑暗，才配拥有光明。世间所有一切，终究如烟云消散，唯有人生历经修炼后的心智与高贵的品格，才是永恒照亮你不断前行的灯塔。

[缺憾是一种常态]

所有人生走向或被迫选择过程中，最大的突破就是认识苦难及它存在的意义，它是磨砺，也是修炼。让灵魂得到真正意义上的滋养与成长。是对自我的挑战与突破。是洗礼后的重生。

"过去我刻意模仿父母，现在我认为，一个有深度的灵魂，是要遭遇思想的探索和人生的磨砺的。"朴槿惠在经过多年各种境遇及磨砺的锤炼后，终于获得内心的宁静与坚毅，"不以物喜，不以己悲。"为此，我们在她脸上看不到任何风霜悲苦刷洗过的迹印。一派的温雅，淡静，及坚韧和爱憎分明的处事态度。

镜头前的她，微笑始终清淡，不浓不烈，温热刚好。她着装向来干练质朴，不失考究。

坚守儒家思想，做到正直、诚恳、利他。一如她在回忆录中写道："不管是在什么样的情况下，人一定要正直。如果为了得到某种东西，而不惜危害别人，终究会是竹篮打水一场空。"

据说，父亲给朴槿惠取名，是希望她如韩国国花木槿花一样花期长久，美丽，并能用持久温和的芬芳施惠于人。事实上，她的人生因为种种际遇和被迫选择，过早结束女子本该享受的花季，但她却以另外一种人生姿态，以独特魅力和气质，让精神与人格散发馥郁清香，回赠人生浮世，亦恩泽众生国民。

"人生最幸福的事，莫过于找到一个好的伴侣相依为命过日子"。这是母亲对她的教诲，恐怕她自己亦未曾想到日后会成为"嫁给韩国的女人。"只是人生太多无常，现实从来比戏剧更残酷。轮不到假设和如果。

曾国藩在晚年，将他的书房命名为"求阙斋"，据说是要求自己有缺憾，不要求圆满。又说，太圆满就完了，做人做事要留一点缺憾。

朴槿惠亦深知，"缺憾，是一种常态，是理应坦然面对的存在。"

所以，我们在她的自传中多少感受到她对缺憾的惜念与感触："如果不是母亲意外过世，恐怕会一如常人，过着寻常生活，做一个寻常主妇。但那样的梦想在年轻时就已落幕。偶尔在路上看到结婚生子，牵手散步的老夫妻，那平凡的小小幸福，是多么美丽又珍贵。也许是因为自己没有踏进过那种人生吧，所以感到更加难能可贵。"

对待伤痛，唯有内心强大

男朋友出轨了，你深受打击却放任自己暴饮暴食；被上司训了，你满心愤懑却只会整天抱怨；被同事穿了小鞋，你骂天骂地却一次次忍受……这样的你，欺负你的人应该会很开心很得意，你，还要继续这样下去吗？

好友今天和我说，他失业了。

因为新来了一个运营副总，代替了他的位置。

我和他说，这很正常，因为他比你强。

当你不够强，还是个弱者的时候，在利益博弈的职场，被牺牲和伤害的就总是你。

而面对这些牺牲和伤害时，最狠的报复是让自己不断强大。

[1]

我刚开始第一份工作的时候，同职位有一个比我先进去三个月的女孩君君。因为进公司的时间差不多，当时大家也都没什么经验，所以谁的进步快谁的进步慢一目了然。

我是一个特别爱思考和总结的人。工作了三个月后，我发现不同类型的文章都有一定的套路。那时因为公司有大量的案例，我每天完成当天的工作后，就是开始将所有类似的案例进行总结。

当时的资料大概有几千份吧，我不厌其烦地将它们一个个手打出来到电脑里，分门别类地进行汇总整理，当这项工作完成后，我也基本完成了我进入这个行业的第一个原始积累。

我的作品在那时已经很像模像样，得到了领导和同事的青睐，其他部门的同事需要文章的时候，已经开始指明要我来写了。

而这，引起了君君的不满。

有一次，总监安排我们写一个项目的文章，两个方向每人一篇，因为没有具体规定由谁来写哪个方向。于是我主动同君君商量我写方向A，她写方向B。

她当时很生气地对我说："我的工作我知道该怎么做，我不需要你来告诉我写哪篇。"我当时笑了笑说："没关系，要不你来安排咱俩的工作好了。"

我将整理好的资料都分享给了君君一份，其实当时我也有一丝犹豫，因为我想着她对我的态度这般恶劣，我大可不必将自己辛苦总结的成果分享给她。但我还是给她了，因为我知道这份资料对提升她现阶段的能力很有帮助。

还有一个我不计较她态度的原因，是我根本就不在意她的情绪，在这场博弈中，她根本就没有伤害到我的能力。

[2]

我的第二份工作，是由三线城市进入到二线省会城市，在这里，我遇到了很多比我更强的人，我的能力也受到了更大的挑战。

这是一家老牌的广告公司，在行业内颇具名气，我原来的工作积累马上就显得捉襟见肘了。虽然工作处于边做边学的状态，也还是做出了一些成绩，但这被一些很爱表现的同事轻易拿去邀功了，而我又很骄傲，觉得如果为这样的事情撕逼，未免太掉价。很快三个月试用期过了，我未能转正。

这大大伤害到了我。但我又有一股狠劲，是不肯这么认输的。我那时已经将公司的书籍翻阅了四分之一了，因工作经验确有不足，我每天都会提前一个小时到公司学习，周六日也会将公司里的书籍拿回家翻看。

这样又过了三个月，公司数十年操盘的案例，我已逐一研究了一遍，这时恰好我又接了新的项目，工作崭露头角，升职加薪也顺理成章。其实那时因为工作能力的增长，我已经收到更有名气公司的橄榄枝了，所以转不转正这件事情，已经不可能再伤害到我了。

这个社会就是这样现实，眼泪、同情和安慰都帮不了你，有什么用啊，三分钟的热度而已。

你得先让自己成为强者，才能获得尊重，不然你就是被伤害的那一个。

[3]

因为对工作的热爱和执着，我顺利进入到了业内名气最大的广告公司，带着憧憬，带着期待。然而，在这里，我又一次受到了考验。

和我共事的，是一个40岁的老员工杨叔，他很勤奋，也很拼命，但在专业上面实在是资质平平。我常常觉得如果他从事策略或者公关，应该早就成功了。

我曾经看过一篇文章，写那些在职场40岁还从事着基层工作的人的状态，他们因为没有过人的才能，升职无望，又经过了几十年的职场洗礼，形成了一套实用的职场生存法则，成为各个公司里老油条型的人物，而这位杨叔，将它展示得淋漓尽致。

我和他共事，在前三个月还是蜜月期，但当我通过试用期，受到全体同事的夸奖和称赞后，和他的共事变得越来越艰难。

那时他常常让我写一篇文章，然后又将文章打散，重组，自己再加几句话，然后就变成他的啦。如果客户夸奖了我的文章，他就会说因为客户是个女的，所以才会喜欢女人写的东西。如果我的工作完成得让所有人惊艳，他马上会说，你是抄的吧，用这一句话，就否定了我所有的成绩。更甚者，他和我说："我派人去调查你原来的工作情况了，你好自为之。"

我对此是十分无语的，我刚进入公司的时候你就已经调查过我的工作情况了，共事半年后，你又派人去调查？至此我对他已经是非常的失望了，连辩解都不想说了。

有一些人的出现，就是来给我们开眼的，就像这位40岁的大叔。不管你多真诚，遇到怀疑你的人，你就是谎言；不管你多单纯，遇到复杂的人，你就是有心计；不管你有多么天真，遇到现实的人，你就是笑话；不管你有多么专业，遇到不懂你的人，你就是空白。

在当时，他的行为是伤害到我了的，但我又是一个很阿Q的人，我记得那时看过一句话，说妒忌本身就是一种仰望，就是最大的赞美，我就当你是妒忌我好了。很快我的工作又有了新的突破，遇到了更优秀的同事。

当我成长到更高阶段时，这位大叔已经丝毫不能再影响到我的情绪，伤害到我了。所以我们一定要将自己修炼得很强大，无论是工作还是心理，当我一次次拿作品说话时，不过是让他的种种行为变成了笑话。

[4]

有一个这样的理论，在这个世界上，大部分人做事都是做到90分的，当你想要把事情做到更好更高，那么在做到90-95分区间的时候，你会遇到最多的质疑和否定的声音，如果你选择停留在这个区间，你受到伤害的几率是最大的。

但如果你咬着牙，将工作从95分做到100分，这时候，你会发现原来那些反对的声音都变成赞赏。人的天性会对稍优秀于自己的人报以敌意，但当你做到100分时，这种敌意会变成一种由衷的欣赏，因为他们知道自己做不到。

当我可以将事情做到100分的时候，我发现能够伤害到我的事情越来越少了。一方面是我的能力已经强大到足够抵御各种各样的伤害，另一方面是当你做到100分时，你会遇到更多100分的人，而越是进化到更高级的人类，越是更倾向于公平、正直和善良，只要你愿意与优秀者翩跹起舞，就会发现，自己时时刻刻处在聚光灯下。

而如果你陷入在90分这个容易被伤害的区间时，你会开始怀疑自己，怀疑社会，怀疑人生。

当你认为社会上已无真情的时候，无数人正在被真情温暖，只不过不包括你。

当你认为武林精英断绝的时候，各路英雄豪杰正汇聚侠客岛巅峰对决，只不过没有你的那碗腊八粥。

当你以最龌龊态度揣测这个世界以最乏味的状态运行的时候，在一个你不曾有机会领略的舞台上，一群风华正茂的佼佼者正大放异彩，高歌猛进，只不过这演出没有你的门票。

你一定要咬着牙，即使含着热泪，也要坚持前行到100分，只要你进入到100分区间，你就会成为这个世界的主角，你的人生就会成为一座快乐的舞台。

现在每当人生又抛给我一个新的伤害考验时，我都会摆好迎战的架势，"来啊，互相伤害啊，谁怕谁啊"。

也许第一次你会伤害到我，但我绝不会给你第二次伤害我的机会。就像尼采说的：

凡是不能杀死我的，都会令我更强。

你越强，能够伤害到你的就越少。

面对伤害，最狠的报复是让自己变强大！

越是挫折来临
越是要从容以对

[1]

2001年11月1日中午，高中一年级的我像往常一样背着书包不紧不慢去上学，突然发生的一件事让我措手不及，至今作为当事人的我还是搞不清楚状况。我在过马路时被一辆大型三轮车撞倒了，马路对面就是学校。我没看到车子是如何撞过来的，只隐约记得眼前一黑，（所以康复之后的我返校后笑嘻嘻对好友说，我终于体会到文学作品中描述被飞驰而来的车撞到眼前一黑的感觉了。）世界仿佛开始旋转，然后我就啥也不记得了。后来知道当时的我那是休克了。万幸学校对面有交警岗亭，一名交警及时发现我，在路边拦了一辆车，将我送到市里的医院。路上，在交警的提问下，我竟然迷迷糊糊断断续续说出自己的姓名和爸爸的工作单位以及联系电话。再然后我就什么也不知道了，再次睁开眼睛时已经躺在病床上，头上裹着厚厚的绷带，病床前围着一圈人，然后好哭的我眼泪就不由自主流出来，问："我这是怎么了？"爸爸轻轻和我说了情况，然后我的回应竟然是："啊，马上就要期末考试了怎么办？"貌似我的班主任当时也在场，他后来把我当成先进例子在班级表扬：她在那样的情况下，第一个想起的竟然是期末考试，这种精神值得我们敬佩。其实，事实是，从小到大，我一直是个对考试充满畏惧的人，我害怕考试，害怕考不好。11月份，我就在担心期末考试了，天哪，那时候的我活得是有多累。

后来得知被送到医院后很快我就被安排进入手术室，手术的过程，我当然一无所知，手术总体来说很成功，但是住院期间大脑内部有出血情况，万幸的是，最终无大碍，我得以健健康康完好无损康复出院。出院前，医嘱要求静养一段时间，不能看书不能看电视啥的，让大脑得到充分休息。于是，返校接受日益逼近的期末考试的洗礼是不可能的，我回到家中过了一段吃吃喝喝睡睡的猪一般的百无聊赖日子。——事实上，那段时间我也的的确确长得白白胖胖的。

等我能返回学校继续读书的时候，我落下了很多很多课，资质平平的我选择了重读高一，这样，我曾经的同学们按部就班升入高二，孤单的我情绪低沉地进入高一年级一个完全陌生的班级。最初，我很不适应，心情低落，虽然是被动留级，但感觉自己身上总是贴着留级生的标签似的，像五指山般压在脸皮薄要面子的我身上，我不愿主动与新同学交流，沉默寡言，与周围环境格格不入。就好像本来我和伙伴们一起在路上走着，有说有笑，其乐融融。突然掉到水里，待我从水里爬上来的时候，发现小伙伴们已经远去，我不仅赶不上他们了，还因为刚刚从水里出来，浑身湿漉漉，狼狈不堪，而无法融入周围新来的人群，甚至鹤立鸡群似的成为焦点。

现在想来，其实，遭遇挫折或者不幸的我们，时常容易栽倒在自己想象出来的泥沼里，因为，现实情况往往并没有我们想象的那么糟糕。

彼时的我在日记中抱怨：为什么偏偏是我？

直到某天，我遇见那个目击我被车撞倒的老师，她是我曾经的数学老师。我礼貌地向她问好，她拍拍我的头欢快地说：小丫头，大难不死，必有后福哦！这样一句话，在我头顶开辟了一片蔚蓝的天，瞬间让我的心情好起来，从那以后，我就时常满怀憧憬地想：哎呀，我会遇见什么样的福气呀。再加上友好的老师和同学，我一天天融入新的集体，成为一名活泼开朗的学生。

后来的后来，我终于想明白，其实，后福就是我还活着。健健康康地活着便是最大的福气。

这最简单的道理，或许，真的，只有曾经与死神擦肩而过的人们才有深刻体会。

[2]

带着即将拥有国庆七天长假的激动心情，我兴高采烈地从学校往家赶。来到熟悉的家中，弟弟早已经到家，刚一见面，他就对我说："爸爸得了癌症。""去你的吧，不要瞎说。"我很严肃地说。知道我是个认真严肃的人，从小到大弟弟时常和我开玩笑说无伤大雅的假话逗我，而我每次都信以为真，于是弟弟便热衷于此项娱乐，乐此不疲。

这一次，我以为又是弟弟在和我开玩笑。

不料，他说："真的，不信你问妈妈。"

刹那间，我感觉有什么轰然崩塌，手足无措的我愣在原地，大脑瞬间空白。原来，爸爸被医院确诊患有胃癌，必须进行手术，已经托熟人找了一位不错的医生，但因为医生国庆放假，所以等到国庆后去住院接受治疗。

那个晚上的沉重，让我刻骨铭心，以至于十多年后的我坐在电脑前敲击这些文字的时候，当时的情景仍仿佛历历在目。我们一家四口，围坐一起，爸爸一如既往和蔼可亲，缓缓说话。大意是，国庆后他就要去住院接受手术治疗以及化疗了，不管情况如何，嘱咐我们姐弟一定要听妈妈的话。我和弟弟沉默不语，妈妈坐在一边不停抹眼泪。等爸爸说完，我故作轻松安慰爸爸说肯定没事，一切都会好起来。转身回到自己卧室，我抱着头靠在床边悄无声息地哭泣。

国庆假期后回到学校的日子，对于我是一种煎熬。刚刚从车祸阴影中走出不久，正慢慢融入新集体生活中的我在面临亲爱的爸爸遭遇癌症时全面崩溃。然而彼时的我，很要强，不肯向身边任何一个同学透露爸爸生病的事情，因为心里想着不希望别人因为爸爸生病而同情我。于是，自己独自一人默默背负着巨大压力，至今清楚记得在一个阳光灿烂的下午，温暖安静的教室里，正上着政治课的我不由自主想起爸爸，就落下泪来。担心老师同学发现，我便悄悄把书竖立起来，躲在书后强制命令自己停止哭泣。

所幸，手术很成功，爸爸也成功挺过化疗阶段，平安出院。只是刚刚出院的爸爸，瘦骨嶙峋，瘦到我几乎不敢相认。爸爸在家中度过漫长的调养期，在那段时间里，一向大手大脚的我学会了节约，一向霸道甚至有点蛮横的我学会了爱惜家人。

[3]

2011年，前任劈腿，并且用一个莫名其妙的理由和我提出分手，在我即将成为大龄女青年的时候，在我刚刚离开老家离开熟悉安逸的工作单位进入一个完全陌生的工作环境的时候。

是的，当我在努力适应新单位的快节奏，努力迎接接二连三的考验和挑战，努力和新同事友好相处的时候，我发现他劈腿了。就仿佛你在前方战斗，你以为你值得信任的人从后方偷袭了你。然后在我发现他劈腿后，我还没来得及以正牌女友身份质问或者发飙的时候，他竟然提出分手。就好像你被人打了一拳觉得痛彻心扉心想不还手不解恨，可是等你准备还手的时候发现那人已经一溜烟跑远了，并且那距离，不是你能追得上的。

有反击的心，却没了反击的对象。

我幼小善良的心灵严重受挫。悲伤得不能自已。明明只是被一渣男抛弃，却感觉自己仿佛被世界抛弃。

可是，渣男消失之后没多久，我就遇到了我诚实踏实善良的老公。于是，我想明白了，原来渣男劈腿是让路的，为我命中注定的老公让路。

正如加措活佛所说：在看似潦草的境遇里，命运的安排自有深意。

挫折或大或小，不可避免，愿遇到挫折的人们都可以从从容容冷冷静静接招，不必惊慌失措六神无主。

我可不想再听你诉苦

> 解除痛苦的三个方案：不要抱怨他人——就算自己当年很悲惨，但是你抱怨于事无补；不要抱怨自己……
>
> ——安东尼·罗宾

很多人都喜欢抱怨，觉得这个世道不好。

但现实是，在同样世道下，为什么有的人成功，而你却碌碌无为？

生活就是这样。

每个人都有自己的苦，为什么还要听你来诉苦？

抱怨并不能改变什么，除了增加别人对你不好的印象。与其抱怨世界，还不如行动起来改变这个世界。

[1]

公司新入职了一个小姑娘，90后，嘴巴很甜，见着谁都喊哥哥姐姐。这么可爱的小姑娘，大家也都很照顾她。只要她有什么需要帮忙和倾诉，找到我们，我们都不会拒绝。

很快，大家就发现她有个小毛病——喜欢抱怨。老板批评她的工作失误，她会拉上同事到茶水间抱怨老板爱挑毛病；和客户交涉遇到困难，她会抱怨客户不体恤她也是讨一口饭吃；一起吃饭聚餐，无论吃的是路边摊还是精细菜，她都会抱怨菜品的不足，害她没了胃口……

我们觉得跟她相处很累，开始考虑吃饭是否叫上她，聚会是否让她参加。没有人再愿意听她倒苦水，她在公司开始变得形单影只。没多久，听说她因为工作频频失误被辞退了。

一次外出旅行，我和一位投资人相邻而坐。随着我们交谈的深入，我得知，他在投资一家规模很小的科技公司时，投入了很多资金，却收益甚少。

他告诉我，他被那家科技公司的老板气得要吐血了，在旅行过程中，他没完没了地抱怨着。我问他，那个科技公司的家伙令他心烦意乱有多长时间了，"好多个月了！"他愤愤地回答道。

事实上，坐在我身边的这个男人，是一位拥有上亿身家的富翁，有一栋富丽堂皇的高档别墅，有一位贤淑而美丽的妻子，有个可爱的孩子。但这些足以羡煞世人的诸多福分，一个小公司的小老板轻而易举地就给他抹掉了，留在他脑中的全是挥之不去的无尽烦恼。

[2]

我有一个亲戚，她初中尚未毕业，就被父母"派"到北京练摊；刚到适婚年龄，就被父母"包办"婚姻。本期望过上平安日子，可老天再次捉弄了她，她的孩子身患重病。于是，为了给孩子凑钱治病，她不得不选择远行。

如今，时过境迁，她在西南边陲扎根了，孩子正常上学了，自己经营着几个店铺，日子终于过得有滋有味起来。

常有人向她感叹，"你的命真苦。"可她总是笑道，"你瞎说，我天南海北都去过。"这些年，她从未抱怨过什么，只是在努力改善生活，她经常挂在嘴边的就是那句经典，"冬天来了，春天还会远吗？"

［3］

我的一个朋友，是个跑业务的。

每次与他见面，他总是大老远就冲我嬉皮笑脸地招手，看着就觉得开心；聊天的时候聊到工作，他总是开老板和客户的玩笑，仿佛那些都不是为难他的人，反倒是给他带来生活笑料的人。

他最喜欢的事情是做饭，他总是说有天大的事情吃一顿就好了。我吃过他做的饭，分外美味，顷刻让人忘乎其他，脑海里只剩下吃吃吃！

他说自己每天都很忙，抽不出时间让自己不开心。

［4］

一只乌鸦打算飞往南方，途中遇到一只鸽子，一起停在树上休息。鸽子问乌鸦："你这么辛苦，要飞到什么地方去呢？为什么要离开这里呢？"

乌鸦叹了口气，愤愤不平地说："其实我不想离开，可是这里的居民都不喜欢我的叫声，他们看到我就撵我，有些人还用石子打我，所以我想飞到别的地方去。"

鸽子好心地说："别白费力气了。如果你不改变你的声音，飞到哪儿都会不受欢迎的。"

许多人总喜欢责怪别人，怪环境不好，怪别人不喜欢他不欢迎他，但他总不反省自己的为人举止，是否值得他人尊重及欢迎。

假如一个人不经常反省自己，只会责怪别人和环境，他就会和这只乌鸦一样，到处惹人讨厌。

有些人每天都在抱怨着不满，久而久之生活满是怨气。抱怨并不能改变现状，只是一时发泄不满，如果不停地去抱怨，幸福的事也会悄然而去。

过去的不幸，终究会过去，我们要面对未来。生活中，总会有点坎坎坷坷，不尽人意，终将离你远去。就如同歌中所唱：阳光总在风雨后。相信未来的日子终究是美好的，幸福的。

与其抱怨，不如去改变自身。一个人的一生很短暂，抱怨只会带来更大的烦恼与苦痛。何不淡淡一笑，把烦恼与压力化为自己前行的动力。这个世界，陪你笑的人很多，但陪你哭的人很少。无须抱怨，努力过好每一天，才是我们所真正需要的。

当不再抱怨，幸福的大门才会向你敞开。努力前行，生活会更加美好。

刷新自我比你刷新朋友圈可重要多了

［1］

在得知我要辞职去伦敦读书后,大部分朋友表示不能理解,甚至有人觉得我疯了,他们的反应是:"你竟然不去创业!读书有什么用?""你放着好好的工作不要,为什么要白花那么多钱?"以及"你难道不应该考虑生孩子了吗?"

人们总是寻求一种自认为安全的或者说保险的生活轨迹,以为那就是稳定。

比起过去,我们已经不及父辈稳定,他们大多一辈子只待在同一个单位,朝九晚五,在体制内重复日子。而现在,人们还是觉得稳定是一种万全的生活方式。

到了学校,我发现自己真的不算什么高龄学生,有对英国夫妻,已经40多岁,他们重返校园成为研究生同班同学,他们的孩子在另一所学校读中学。成为同学,让这对惯常的夫妻也找到了恋爱时的甜蜜。

他们说,读书完全是跟年龄无关的事,是一辈子的事,我们随时都可以选择刷新自己。工作谋生固然重要,但不要耗光人所有的精力。

更何况,这世界根本就不存在绝对的稳定生活,难道一成不变不是意味着冒更大的风险,是一种在动态世界中的自我放弃?

感觉舒适证明你在走下坡路,感觉很累证明你在走上坡路。没有什么本领可以不用精进，没有什么饭碗可以端一辈子。主动改变，比被动选择重要，不要被宿命奴役，永远不要丧失生活里的自主权。

[2]

最近读到一条新闻，一个名叫吉田穗波的日本妈妈，怀揣着再深造的梦想，用半年的时间完成了从申请入学哈佛、准备考试到录取；同年，带着三个年幼的女儿，与丈夫一起前往波士顿，用两年便取得了学位，在此期间还生下了第四个孩子。在总结这段经历的自传付梓之时，她的第五个孩子也诞生了。

如今这个有五个孩子的妈妈，成为日本国立保健医疗科学院主任研究员，哈佛大学公共卫生学院硕士，名古屋大学博士。如果太早停下来，或者满足于现状，在家庭琐事中等待终年，是无法发现自己有多大潜力的。

我很庆幸现在选择去读书，并不是因为没有选择，也不是为了躲避现实。比起更年轻的时候，我更加清楚我想要的是什么，我自主选择学习的内容，比起大部分为了逃避工作才选择读书的学生，我没有他们对未来不确定的焦虑感。

选择读书，有种回炉重造的感觉，是我更新生命的方式。当然，这个世界上还有很多更新生命的方式，无论什么途径，我们都不应该懦弱，应该让灵魂在路上。

有一种不切实际叫作，总是做相同的事，却期待不同的结果。

[3]

小时候学物理明白一个道理，如果想要获得动能，我们需要动力和反作用力，正如火箭获得反作用力的方式是喷射出气体。

除了内在的驱动，我们也需要失去一些东西，才能获得反作用力带来的动力。如果你想获得一件从未拥有过的东西，就得做一件从未做过的事情。人在改变中，才能更像一个有活力的人。

据说科技已经可以帮人类保存年轻时的干细胞，以备衰老时重塑青春。如果可以，我更希望保留一些年轻时的热情，让自己在沉入水底时，重获打破僵固水面的勇气。在一次性的生命里，实现自我比积累财富重要。

以后也许我会有更多稀奇古怪的想法，靠谱的和不靠谱的，我也愿意尝试更多新的东西，没有想过要做到什么程度，我只是不能对心中的梦想装聋作哑。

沙漠下新雨，树木爆翠绿，没有放弃与更新，就不成其智慧。我们不要时刻刷新微博和朋友圈，比起这些，刷新自我更加重要。我们并不需要生活在别处，不需要流于表面，我们需要时常更新生命。

享受当时当下每一刻

亲爱的你，你的信和许多人不一样，你的信无关爱情，也和学业事业没有具体的联系。于是第一次要聊一聊人生的处境。

你25岁，一切顺利。这一年未发生什么大事，未失业、未失恋、还健康，一切都按着轨道运转。

真好，大多数人都这样生活吧，我想。想象中每日九点的上班号角响起，都市丛林里奋力奔跑的人群当中有一个是你。

可你说你有焦虑。你说你在重复着22岁毕业之后的生活状态，有点厌倦。曾经可以获得骄傲和满足感的事情，现在再也不能让你获得激情，你说你用许多新的有形式感的东西来化解，新的发型，去从来没有去的地方旅行，消费了许多梦寐以求的奢侈品，可每一次获得之后，满足感毫不长久，你仿佛面对更多的欲望，更深的空虚。你对自己失望，觉得自己变得不可爱不纯朴不那么有坚持。你想知道那"焦虑与抑郁背后隐藏着的最深刻的秘密"。

看到你的信，我有种感动。许多的人任凭生活中的焦虑支配着自己，他们中有人用华美炫目层出不穷的物质来满足自己，有人用奋力却盲目不停歇的工作来麻痹自己，有人在消极被动的电玩或电视剧的娱乐消费中忘却自己。你却不，你觉得生活里有些不对劲，你在追问为什么。这个凡事只求轻易得到而不求意义的年代里，这种追问是难得的甚至是奢侈的。

可我相信这个追问在每个人的人生中都会以这样或者那样的形式出现，

或早或晚。

在我的人生中第一次知道这个追问是在一堂哲学课上，老先生在夏日的午后激情澎湃地说着一个叫作康德的哲学家，向自己和人类提出的几个问题："我可以知道什么？我应该做什么？我可以期望什么？"还有"人是什么。"

我必须承认那个下午这些追问对我的意义不过是笔记本上的几行字而已，这些追问仅仅以知识的形式出现的时候，对人的心灵是毫无作用的。只有当这些追问以生活的方式让我们直面的时候，我们才会从内心发出和康德一样的追问。尽管这显得十分不合时宜，可是寻找一种深刻的幸福感是每个具有心灵的人的本能。

你现在的生活不能给予你这种深刻的幸福感，于是你不满。你消除不满的方式是占有和消费，是对世界进行的某种征服。这种征服的效果，是在欲望的伤口上洒糖，甜蜜但使得伤口更加恶化和扩大。每一种不满常常表现为某种渴求和欲望，它们需要被好好地和正确地理解。一如压力之下的暴饮暴食或者，发工资之后超常的购物热情，考试前拿着课本却一直一直看电视的越紧张越逃避的心理。不能好好理解自己的欲望的人，就只能任凭这种欲望支配着自己。他们乐此不疲，他们甚至上瘾，因为他们不了解自己的心、自己的处境、自己真正的需求。

这不能责怪你，我们的教育，使得我们对待世界的方式历来都是简单甚至粗暴的：占有和消费。我们的目标历来明确：考试，得高分，考名校，找好工作。每一步都是目标明确，每个抵达目标的过程都是一场战争。我知道，外面的世界是只看结果的。可是你也因此遗忘了享受过程，渐渐变得只看重最后是不是达到效果。这可能是你不快乐的原因之一。

享受旅行享受奢侈品是一件美好的事情，你对这些事情的结果的太过看重，让你在享受的过程中始终在寻找一种额外的期待。当这种期待落空的时候，你获得的是更深的不满，享受简直就成为了对自己的惩罚。放下这种额外的期待是让这些享受还原为享受的唯一方法。

和谈恋爱一样，你满怀期待地和一个心仪已久的男生一起约会，他一定会让你多多少少失望，因为他肯定和你想的不一样。你现在对这些享受的厌倦，就像相恋五年的男友送你一束玫瑰，你的感觉和五年前最初收到玫瑰的时候肯定不一样。那些曾经带给你激情的事物换了一个心境和情境，多多少少会失效。这不是你的问题，而是人生本来如此。刻意的重复并不能带来预期的激情。只有好好分辨清楚自己当下真正的需求，才能让自己感到快乐。

有时候我还蛮羡慕那些懵懂的小孩子，他们的快乐那样简单。怀疑人生和感到虚无是成长的标志，我甚至觉得这可能是人生的常态。有时候我觉得童年的我们，好像是生活在了一个主题公园里。那里的规则清晰，建筑明朗，始终有阳光普照，不缺三餐，不缺玩伴。什么问题都有好像很明确的答案，所以也不会有什么深刻的焦虑。每个游戏都有一个终点，就像读了初中会有初中毕业，读了高中会以高考毕业，考得好去读大学，考得不好读大专。大学之后找工作，然后我们就突然身处在主题公园外面了。这个世界和主题公园不一样。它那样广阔寂寥，又拥挤不堪。

25岁的你，现在处在了从未经历过的迷雾里。你用你习惯的方式对待着周围的世界，但是这个世界给你的回应和你期待的不一样。你失落，你找不到方向。

在人生和世界的森林里迷茫，我想这是人生经常发生的一种常态。这种时刻你才会发现生活的诗意和多样性，你会停下脚步，观看周围，观察自己，问自己的内心："你到底想去哪里，你到底需要什么。"那些只听说某个前方有黄金矿藏然后一路狂奔不止的人们，或许也有他们的快乐。可那些停下来感受自己的存在和仰望星空的时刻，是那么珍贵。亲爱的你，正在这个时刻里。

你究竟要去哪里，由你自己决定。重要的是，你要给自己做的事情赋予意义。你要给自己选择北极星。

或许接下来你走的一路都会是迷雾，你要给自己选择的方向一个能够说服自己的理由。那必须是你自己认可的意义。你的内心要有自己的标准。

你要做自己喜欢的事情，而且必须明白，做自己喜欢做的事情不代表一路都顺利并且时刻有回报。我喜爱的一个建筑学家林璎说："我做一些事情，因为它们对我是重要的。"不存功利心地做那些对你重要的事，它们给你的回报远远胜过功利。

你要懂得区分和你有关的事情和与你无关的事情。25岁的你经历的也已经很多，有趣的事物无穷无尽，好奇心之外，你要培养定力和判断力。我相信真正的交流和真正的创造让人获得深刻的幸福感。接下来的岁月里，保持好奇心，不要放弃享受美好的事物，但是要集中精力和能量在富有创造性的事情上。

在字面上追寻人生和生活的意义是永远得不到答案的。只有用生活才能回答生活的问题。亲爱的你，先不要急，不要急着给自己下"不可爱不淳朴"这样的判断。你在进入一个新的状态，或许你不熟悉这个状态，但是不要用否定的方式去判断。

对当下的自己要心怀温柔，不要苛待她。放下额外的期望，耐心地看她需要什么。温柔开放地对待自己，你会知道自己该去哪里。

只要你仰望，会发现每片星空都很慷慨。那颗对你而言最明亮的启明星始终不曾被迷雾遮住。

我在一个夏日的晚上，去到德国的Schoenburg，直接翻译成中文，就是"漂亮堡"。那里的晚上静谧无比，连深呼吸都怕会惊动别人。银河清晰可见，低得就像在城堡的屋顶，伸手就可以触碰到。星空深邃美丽得让人着迷，让人痴望，不愿离去。星星越看越低，越看越多。

那时那刻我就想，宇宙真是如此美丽，没有任何事真的值得深深焦虑。

愿你在现时的迷雾中虽然迷茫但是可以安心耐心，愿你以后回眸现在的时光可以微笑也可以遗忘。

享受当时当下每一刻。迷惘的时刻也可以诗意。

做不一样的自己没那么难

你是否理所当然地认为，只要跳得足够高，就能获得真正的身份自由与财务自由？

今天分享的个案故事，结果出乎我的意料，最终，它带我打开了另一个视角。

[1]

诚哥（化名）在外人眼里，算是混得不错的职场精英了。

他18岁踏入社会，从一名建筑工地的工人做起，如今二十年过去，做到了一家知名房地产公司的项目总监。

就是这样的一位精英人士，也有着不为外人所知的烦恼。

说出来恐怕鲜有人相信，这位外人眼里的"精英人士"最大的困扰，竟是内心深处强烈的不安。

诚哥曾经找我做过一次咨询，在咨询过程中，他提到过促使他不断赚钱的动力，就是自己一贫如洗的家庭。

"记得超级演说家里的刘媛媛吗？她说自己的家连门都没有，我的家其实也差不多。"诚哥说起自己的童年过往，面对别的孩子手中炫酷无比的变形金刚，自己从来只有艳羡的份。

当然这些小事都不足以激起诚哥心底的斗志，真正让他意识到急需改变的，是他奶奶的离世。

［2］

他永远记得奶奶临终前瘦成干棒的样子，长期病痛的折磨早已让这位曾经丰腴的老太太没有了人形，而家里穷，面对城里一天动辄上万的住院费只能望洋兴叹，老太太则笑着说，生死有命，儿孙们的路还长，别因为我拖累了你们。

老太太咽气的时候，诚哥就守在身边。

那天，长期昏迷不醒的老太太突然睁大了眼睛，猛然从床上坐起，血红色的眼球就睁了那么一下，很快就闭上了，再也没有醒来。

家里的亲戚七拼八凑，好不容易凑到了一笔钱，给老太太火化了。

老太太火化的时候，身上也没有一件像样的衣裳。

诚哥望着奶奶烧下来的骨头，有的还冒着热气，有的骨头很大，有的骨头很小，他打了一个冷战，他突然意识到，关于奶奶的一切，全部结束了。

奶奶还不曾戴上他曾经许诺给她的金耳环。

那一年，诚哥20岁，依然在工地打工；然而几乎在一夜之间，诚哥猛然意识到，自己是应该做点什么了。

20岁那一年，奶奶的去世让诚哥一夜之间长大，他看着日渐衰老的父母以及家徒四壁的惨淡，仿佛明白了什么。

他开始了艰辛的自考历程，同时在工作岗位上更是兢兢业业，由于工作上优异的表现，被单位派到外地驻勤，就这样，经过多年的奋斗，他从一个工地的小工，成长为一名成熟的职业经理人。

可即便如此，如今年薪几十万的诚哥依然不曾感受到自由，相反，他感觉自己像是被卷入了一台高速旋转的机器上，一刻不得停歇。

[3]

诚哥的情感经历也颇为坎坷。

三十多岁的时候，诚哥被提拔为项目负责人，被外派到北京参与一个重点施工项目。就在那个时候，诚哥认识一位北京姑娘，她是一所名牌大学毕业的高材生，两人彼此爱慕，互生情愫。

然而让他没想到的是，姑娘去了一趟他的老家之后，竟再也没了联系，几个月之后，他收到了冰冷的两个字，分手。

那一次诚哥倍感崩溃，但突然有一天，他想通了，不禁会心一笑。

他终于明白，董永和七仙女的爱情永远只适合活在神话里，锦衣玉食的七仙女因为拥有常人难以企及的法力，才得以帮助董永逃离长工的宿命，日子才不至于窘迫，而现实中，女人是没有法力的，男人要承担更大的责任与使命，如果七仙女失去了法力，就剩下赤裸裸的真实，这个故事就没有任何令人向往的美好了。

他明白，自己骨子里终究还是朴实的农村人，不论位居多高，终不能成为真正意义上的富人。

诚哥笑着说，还记得曾经让人过目不忘的希望工程的那个大眼睛姑娘苏明娟吗？

诚哥说圈里有人说起过这件事，这位姑娘成名之后，去了一家银行的档案部上班，成为了一名普通的白领，有了家庭有了孩子，据说她本人很享受这种低调隐秘的寻常百姓生活，每天倒也过得乐此不疲。

也许，普通人能发挥的最极致的美好想象，就是一场热气腾腾的日子吧。

[4]

诚哥磁性而低沉的声音，从开始的疲惫与焦虑，渐渐放松了下来。

"有那么一阵子，我觉得自己可能一辈子都逃脱不掉穷人思维了，我不投机不炒股，所有的资产都是辛苦赚来的，所以也不曾暴富，我觉得自己挺失败，但转念一想，自己不还挺享受赚钱的这个过程吗？"电话的那头，诚哥呵呵地笑了。

如果工作能按照诚哥的预期发展，他再用两年的时间做到总监级别的职位，到那时或许会在这个大城市买一栋房子安家，当然前提是找到一位愿意给他留灯、为他煮一碗面、骨子里和他一样传统而踏实的寻常女人。

"老大不小的人了，再不成家就不像话了。"诚哥笑着说。

那场咨询很富有戏剧性。

原本诚哥是带着"如何赚一个亿"之类的财富问题而来，可说着说着，他释然了，他赫然发现，物质对他而言并不像他曾经以为的那么重要。

经过这么多年的兜兜转转，他觉得该努力的也都努力了，或许最终自己依旧跳不出"贫穷思维"的桎梏，但转念一想，何必用"富人思维"绑架自己呢？

如果我们不去执着于财富与权力的追逐，而是投入到一份热爱的事业中，生命又会发生怎样的改变、出现怎样的景致呢？

[5]

有句话是这样说的，热爱之所以让人着迷，是因为你热爱的事情不会因为你眼前状态的好与不好而改变。

诚哥最后明白了,他骨子里喜欢建筑这个行业,这才是他迟迟不肯转行的根本原因所在。

当他看到那一座座高楼大厦拔地而起,就感觉自己的生命被赋予了无穷的意义,他觉得自己固然逃脱不了死亡的宿命,但只要这些凝聚了他心力的砖砖瓦瓦还在,他的存在仿佛就能冲破时间的限制,被予以无限延长。

我认识很多像诚哥这样的普通人。

他们平凡,但不平凡的是,这些人仿佛具有一种能力,能够将平日里看似琐碎平常的事情变得鲜活灵动起来,比如花艺师阿芳,比如现在开起了舞蹈工作室的果果,等等。

我有幸见证了他们的某段生命历程及微妙的转变,也渐渐明白,有些时候,我们实在没必要逼迫自己去完成一个又一个愿望清单。

但这并不代表,我们坐以待毙,什么都不做。

相反,正因为我们是普通人,正因为我们本身资源匮乏,我们才更要步步为营,掌握努力的要诀。

[6]

我试着从诚哥及类似的个案中总结出了以下几点。

首先,普通人有个爱好不难,难的是坚持下去。

一旦养成了坚持的习惯,你就会收获回报,渐渐就形成了正向回路,这份爱好慢慢就成为你擅长的部分,你就会由喜欢变成热爱,从而为你今后的工作生活带来更大的收益。

打个简单的比方,对于小学一年级到三年级的孩子来说,最关键的是习惯的养成,而非学习技巧与经验。

而从过往的咨询案例中，我发现横亘在普通人面前的最大障碍，恰恰是缺乏坚持的习惯，做事总是三分钟热度，没有足够的耐心与恒心，导致无法形成做事的正向回路，常常半途而废，前功尽弃。

其次，刻意训练，长期积累。

因为资源有限，一个普通人想要获得一定的成绩，光努力是远远不够的。

就像诚哥的案例呈现出来的那样，虽然他学历不高，踏入社会的起步也很低，但通过十年二十年的积累，最终在建筑行业里做到了不错的职位。

那天读到一段文字，说的是一名研究人员在研究了19世纪120位杰出的人物之后，发现一个规律，如果一个孩子从青春期中后期建立职业梦想，那么科学家发表第一篇文献的平均年龄在25.2岁，发表著名学术文献成功的年龄平均在35.4岁。

也就是说，想要在一个领域有所成果，需要在确立职业方向之后，付诸十年以上的努力。在这一点上，没有捷径可走。

最后，要正视反馈，不要自以为是。

我们上学时之所以会努力学习，是因为我们会面临大大小小的考试，而考试就是我们获取反馈的重要形式。

在职场中，这种反馈通常是隐形的，也没有那么及时，这时我们需要自己给自己设置标准，留意周围人对我们的评价，检视自身不足，或者通过结交几位诤友，对自己的缺点或不足予以及时提醒。

另外，成功的标准从来都是多元化的，但总有些有迹可循的表象让我们检视自身，比如，你是否在做事的时候感觉到愉悦与快乐？你的收入是否在增长？你的职位是否得到了相应的提升？你的生活质量有没有变得更好？等等。

即便我们终其一生难逃普通人的宿命，但通过努力，我们可以遇见不一样的自己，过上想要的生活。

放心，你的努力时间它非常认可

[1]

2008年，我在浙江。微雨杏花，石板古巷，江南是每一个人心中的梦，美得像古书里的唐诗宋词。可此时，那浪漫的梅雨，那古色古香的小巷，却让我恨不得拎来太阳，好好地烤一烤。

住在租来的民居里，每天早上，从只容一人通过的楼梯里踉踉跄跄地下楼，撑起伞，在凸凹不平的小巷里通行。屋檐上的水，滴滴答答地敲在青石地板上，让人的心也湿漉漉地，快要拧出水来。

在站台上等公交车，江南的风，一年四季刮个不停。一人一伞，在风雨里，如浩瀚海洋里的一叶扁舟，不停地摇晃，仿佛随时能被大海吞没。

虽然公交车一向准时，我却总担心等不来它，在站台上焦虑不已，一会儿摸出手机看看时间，同时在心里下着决定，再过一分钟不来，我就骑那辆破自行车去上班。

那是我人生中的第一份工作，自然非常小心翼翼。我像一个遵纪守法的学生，按时上班，按时下班，不请假，不旷工。这是我对自己的基本要求，就像一日三餐一样，要严格遵守。

年轻时总是贪睡，像懒惰的猫儿，总也睡不够。有过几次手忙脚乱的晚起经历后，我就总在凌晨惊醒。睡得好好地，忽然一个激灵坐起来，看看床头的钟，七点了，赶紧三分钟内穿戴整齐，连早餐也顾不上吃，急匆匆地往公司赶。

骑着单车，清晨的风拂在身上，将我吹得清醒。为什么路上行人如此稀少？真的要迟到了吗？赶紧看看手机，六点二十分，顿时像抽了气的娃娃。年纪轻轻地，居然看个钟也会花眼。

江南的天总是亮得早，六点钟，阳光已经像手电筒一样直射着人的眼睛，我爱睡懒觉的毛病，居然在这里痊愈了。

不是没想过回家，只要一转身，就会回到父母温暖的怀抱里，让江南永远在梦里美好着。可是，看着街上脚步匆匆的年轻人，他们和我一般年纪，他们也是父母手中的宝贝，别人能挣扎着留下来，为什么我不能？

一份办公室文员的工作，我做得极认真，在这个人生地不熟的地方，我知道自己唯一可以仰仗的就是自己。从一窍不通到让领导称赞，在别人眼里是幸运，是天资聪颖，可其中的艰辛，唯有我自己知道。

我终于在梦里江南扎下根来，租了有厨房有卫生间有网线的房子，生活，终于向我挤出了一抹淡淡的笑。

[2]

当一个人有了一块面包，就会希冀有一瓶牛奶。

在浙江的第三年，当我握紧了面包时，我开始奢求牛奶了。那份工作，我早已驾轻就熟，脚步开始闲散，也有了大量闲聊的时间。

我却忽然感觉到失落。难道我要一直在这个位置上做下去吗？做着这种没有多少技术含量，看不到任何前途的工作？

这个发现让我惊恐，我重新陷入焦虑中。年轻人总是无知无畏，我开始做着换岗的准备。可是一切都是那么茫然，我像春日树梢的杏花，握不住自己飞翔的方向。

但我试图用自己笨拙的翅膀飞。我了解公司里的内招信息，开始学习相关技能，并一次次向人事部提出要求。

我还是太稚嫩，我不知道，有时候，一个人的命运居然会掌握在别人手中。这世上任何一个地方，都像一座皇宫，有太多的阴谋诡计，有太多的苦苦挣扎，亦有太多的不尽人意。

当发现自己像一个风筝，无论怎样扑腾，线却始终攥在上司手中时，我终于下定决心，挣断这条线。

我义无反顾地辞去了平生的第一份工作，并顺利地找到了第二份工作。

虽然性质差不多，但我终于有机会学到更多的东西。我重新开始忙碌，并开始激情满怀地畅想着未来。

有时候，生活就是一部悲喜剧，而每个公司，也都会上演《金枝欲孽》。在我年轻的世界观里，一切都是阳光美好的，像抬头所见的天空一样清澈纯净，没想到，却在这里，参观并经历了所有的龌龊与肮脏。

[3]

无论多么胆小的人，都有勇敢的一天，就看他会遇到什么人，遇到什么事。

你能想象吗，老板和员工之间有说不清道不明的关系，各种关系混杂在一起，再掺杂点坑蒙拐骗，自私自利。

我看到的那些，都是从来不曾想象的。我做不到坐视不管，我无法心平气和，我开始为那些和我一样背井离乡的民工们打抱不平。

我知道自己唯一的结局是离开，却没有想到，就连离开也会演绎得那么狗血。公司居然连工资也想赖掉。

我不是个胆大的姑娘，我怕黑，我怕孤独，我怕惹麻烦，小时候因为胆小，经常惹笑话。但我却在一系列的不公平下怒发冲冠，不理会任何人的劝阻，不理会公司的威胁，愤而打了人生的第一场官司。我只想拿回我该得的，钱和尊严！

说得再慷慨激昂，做起来都不是一件容易的事。那段时间，我蜗居在出租屋里，白天写一些乱七八糟的文章，傍晚就在门前的那条小路上散步，看太阳一点点隐下山，看满天云彩披上霞光。

奇怪的是，那些焦虑居然像傍晚的太阳一样，慢慢地隐到不知名的地方，再也寻不出来。心居然是从未有过的坦然，曾经担忧的曾经害怕的曾经不敢面对的，都觉得不值一提。

那一刻，我无比坚定地知道，我能把握自己的人生了。

对职场的心灰意懒，终于让我决定，放开手脚，做自己想做的事。如果一朵花未经绽放就凋零，是多么可惜，如果一个人不曾为自己想做的事孤注一掷一回，是多么可悲。

我没有再出去找工作，而是像一尾鱼，潜在出租屋里，用全部的心思来写作。那是我从小的梦想，可是在浙江的这几年，我跟别人一样行色匆匆，跟别人做着一样的选择，被人潮挤着推着往前走，从来也不敢停下来，不敢去做自己想做的事。

而一次又一次的失意与打击，终于让我开始勇敢地面对自己。

[4]

那场旷日持久的官司，虽然赢得并不完美，但总算结束了。而此时，我已经成为一个正式的全职写手。

每一份工作都有它的艰难，不管是你想做的，还是不想做的，这世上的事，难易程度，并不取决于你自己。

但是，我可以选择坚持，可以选择努力，可以选择拼搏。

那些艰辛，说出来，并不让人感动，因为每个人都要为自己的选择付出。这世上的人，有谁像被风吹过一样，轻轻松松就到达彼岸的呢？

很多时候，我们都是自己跟自己赛跑。我选择一个人默默地奋斗。我没有对父母说我的选择，我已经学会了不任性，学会了为他们遮风挡雨。我也没有为别人的劝阻而动摇半分，我已经不是那株瘦弱的草，风轻轻一吹，就惊恐地左右摇摆。

知道自己在做什么，知道自己想要什么样的生活，这是一件很美好的事，美过江南的任何一场杏花雨。

都说境随心转，初到江南，那梅雨，那小巷，都让人心生烦恼，而如今，再看江南，一花一木，一山一亭，都像软甜的糯米团，让人心里生出细细的喜悦来。

未来迎接我的是什么，我并不确定，但是我也并不害怕。我终于变成一个勇敢、从容的姑娘，不再惧怕人生路上的每一分风雨，不再为未知的将来而焦虑，像午后的阳光，丝丝缕缕，都是那样的柔韧而坚定。

我知道，这是岁月送给我的礼物，不经历那些辛苦，不经历那些茫然，不经历那些狗血，不经历那些挫折，我就不会变成我喜欢的自己。

在人生路上挣扎的你，一个人在远方的你，要相信，你所做的每一分努力，时光它都会回报你。

成长就是需要我们不惧伤痛

人们惧怕生命中的伤痛，觉得它磨人心智，伤人体肤，简直一辈子最好都别遇到。

在没遇到伤痛之前，人们有时会试着想象当遭遇刻骨伤痛之后会何去何从，甚至煞有介事地预见道：嗯，如若真的发生那样的事情了，那么我也就不活了吧。可是，当伤痛真的来了以后，绝大多数人最终都会捱过去。

一个姑娘告诉我说她不久前和丈夫分开了。分手的时候，对方说，如果有一天你不再继续等我了，那说明你真的成长了，你的生活从此会过得很棒，会比我的还要精彩。虽然很心疼她，希望她能尽快开心起来，但真的不希望看到类似女孩痴心等待换来夫君回头的故事。从我个人私心的角度来说，觉得正是这样的打击，反而是姑娘成长的契机。

伤痛，是最好的成长。只要你用心"利用"这刻骨的痛，别让眼泪白流，更别让心脏白痛。

不要感慨命运的不公，为什么让这样那样的难事发生在自己身上，如果当真相信命运，那么就换个角度去解读吧：每个人来到这世上所要做的功课都不同，上天也许会把最好的事情赐给你，但同样也可能把最难的事情交给你，而当你战胜了这最难的事情之后，生命就有了新的高度，世界变得更宽，你也变得更加通透。不妨把命运看作大学里的一门门课程吧，每一次考验都是一个学分，当修够了这门课程，拿到了学分，人生就进入新的阶段。而有的时候可能你的惰性太大，任性太多，隐隐意识到自身的种种问题及缺陷，但是就是不去作为，不去主动选修某门课程，那么上天就要用最残忍的方式提醒你，它把你最爱的人抽走，然后告诉你，亲爱的孩子，it's time to grow.

姑娘的故事，以及我们身边太多相似相通的故事，都在告诉我们，无论所处的环境如何，无论我们与谁相伴，维持人格的独立，都是最重要最基本的原则，在这一点上，没有特例。每个人都该为自己而活，没有谁是为了成就谁而来到这世上的，父母不该为子女而活，子女不该为父母而活，男人女人不该为另一半而活，爱己方能爱人。借用我一直很喜欢的一句简单的英文Saying：I love you, not because of who you are, but because of who I am when I'm with you.我爱你，不是因为你是谁，而是因为我和你在一起时变成了谁。

真正的爱人，该是那个让你主动变得更好的人，不会打磨你的自信心，不会肆意放纵你的怠惰，不会要求你放下尊严；真正的爱人，会让两人的世界变得越来越大，会和你共同成长出新的性格，会彼此带动相互鞭策；真正的爱人，是那个让你感受到，1+1>2的人。而圆满的爱情、婚姻都是留给那些准备好了的人，当一个独立的人格，遇到了另一个同样独立的人格，于是相互欣赏相互吸引，进而相互扶持，并不会出现一方失去重心倾倒在另一方身上的时刻。

寻找到生命的重心，那个生命的"主心骨"，是每个人都应该做到的事情，或早或晚，否则迟早出现状况。而这重心不该是外界的东西，不该是另一半，不该是自己的工作，不该是某一个人或是某一件物。一个让你爱得死去活来的人，一份让你全情投入的工作，一项让你欲罢不能的爱好，这些都不过是转移你注意力的瘾头，谈不上生命的重心。

在我看来，生命的重心，是来源于自身的那份平和快乐，以及对于自己如何能获得这份平和快乐的方式方法的了解与掌握。剖析自己，了解自己，治疗自己，培养自己，是获得重心的途径。发展新的爱好，结交新的朋友，做自己擅长并且喜爱的事情，或是多读几本书，总之多花时间在自己身上，慢慢地，重心就会被找到。永远不要停止和自己对话，用一生去了解自己认识自己，用一生去看望这个世界。

当负面的情绪和消极的感知涌上心头的时候，不要急着化解，急着克服。不要为了看似难以忍受的伤痛而去选择分散自己的注意力，到头来那伤那痛会仍然在那里。试着与伤痛共存，就和它待在一起，而后在不知道某时某刻的某一秒，你会突然发现那压抑之感正在慢慢变小，自己内心的能量正在慢慢变大，当能量大到能盖过这份压抑的时候，就是我们成长的时刻。

宽恕，是另一项重要的职责。宽恕伤痛，宽恕给你伤痛的人，宽恕造成你伤痛的环境，也要宽恕自己的失败。沉重的怨念和任性的脆弱是我们自己设置的障碍，阻碍我们获得平静，顺利成长。只有放下了种种没有必要带上路的行囊，我们才能走得更快，登得更高。莫要舍不得这些枷锁，认为扔下了它就是对自己的过去没了交代，不需要用思想去欺骗内心，寻找真正的快乐平和才是对自己最好的交代。

没有人能代替我们成长，成长是每个人生命的必修课。做一个勇于成长的人，做一个不惧怕伤痛的人，因为有时伤痛是最好的礼物，它让我们变得更强。

说真的，你没必要这么较真

[1]

十六岁那年，她离家出走。

小女孩离家出走，通常不是什么开心事，但她不，背着帆布背包迎着朝阳走向汽车站时，她心情无比清爽畅快，仿佛离开的是一个监狱，一个战场，一个垃圾堆。

那怎么算得上家呢？那个暴躁的随时准备抄家伙打人的爹，那个刁蛮的永远怨气冲天的妈，那个三个人谁看谁都不顺眼的小团体，简直玷污了家这个称呼。

[2]

她投奔了在隔壁城市打工的闺蜜，这是早就联络好的，闺蜜了解她的处境，很义气地收容了她，还介绍她到自己打工的厂子工作。

刚开始都还不错。她换了新活法后，踌躇满志意气风发。她的俊俏活泼赢得了小组长的喜爱，他对她很好，总把最轻巧的活派给她。她开心又得意，完全没意识到小组里十几个女工都为此窝着火，其中也包括那个救她于水火的闺蜜。

她渐渐不明白怎么大家都冷淡孤立她，老拿她当靶子，她一个小错，就被宣扬得满城风雨。

闺蜜指点她："别跟组长走太近。"

她当然不愿意，隐隐觉得闺蜜是在嫉妒，心里不禁失望。

后来有一次，她和组里一个姑娘吵架，工友们都帮那个姑娘拉偏仗，六七张嘴一起数落她，而在她委屈无助时，闺蜜远远地躲在一边，没帮她说一句话。

她想，那是因为嫉妒而生出的冷漠和绝情。

她们之间于是有了很大隔阂，而不久之后，小组长也不再对她好。她不得已离开了那个几乎全是敌人的厂子，流浪到别的城市。因为已经有了一点钱和一点工作经验，也慢慢地生存了下来。

[3]

再回家时她已经二十五岁，父母都有点老了，对已经崛起的她有了些敬畏，不再动辄打骂，于是她留在他们身边，结了婚。

老公是个生意人，本性敦厚，但生意做久了，难免有些狡诈习气。

她常常觉得不对劲，店里的账目不对劲，他的行踪不对劲，于是免不了去查，发现一点问题，便生气，较劲。他搞不过她，只好一步步退让，钱全交给她管，手机信箱随她查，天长日久，他怨气越来越多，两人开始整日争吵，情况像极了当年她的父母。

一次他大打出手后，她遍体鳞伤地回了娘家。老爹见状愤怒不已，直接抄起棍子要去弄死他。老妈破口大骂，说："你去弄死他，回头你也死掉，我们娘俩都守寡，都清静。"

老妈是怕他们出事，她当然知道。

换作以前，她一听爹娘吵架就烦死了，觉得他们真是不可理喻。但这一次，在老爹的愤怒和老妈的咒骂里，她深切体悟到，他们是爱她，只是表达方式太粗暴了。她也明白了，其实他们一直在以这种方式爱她。而她从来只看到这粗暴，没琢磨过那后面，是爱在推动。

那次动手之后，她和老公达成协议，她不再控制他的花销，不再干涉他的隐私，而他保证绝不做有愧于她的事，否则就净身出户。

日子太平了许多，她心态也变了许多。有一次老公的手机落在家里，她连想去翻看的念头都止住了。因为知道多看无益，只要他还一心一意为这个家奔忙，就不会有太大差错。

再后来，她想起当年收留自己的闺蜜，心里的感恩，多过了怨恨。不管怎样，人家是帮过她大忙的。那些小嫉妒，实属人之常情，本来就不该计较，那时候她太较真了。

[4]

她在三十五岁这年，终于知道为什么这些年日子总是别扭，她是把家人、朋友、爱人的位置搞乱了。

对家人来说，因为太亲密太熟悉，便常常用简单粗暴的方式相处，于是难免彼此误伤。这时候其实应该抛开表象，去看他们的内心，看清他们真的是为自己好，便很容易谅解那些无礼的伤害。

而朋友则不同，再好的朋友，也不会在所有时间所有事情上都步调一致，大部分时间，总要各自为谋，她有她的心思，你有你的打算，所以不能计较她偶尔的自私、虚伪、不妥帖，更不能过多揣测她的思想，否则多半会失望，继而失去她。你愿意与某人做朋友，就说明他（她）的好是多于坏的，那么你最好就站在一个"刚好看得清好，看不清坏"的地方，投以欣赏的眼光就行了。

爱人呢，应该是介乎亲人和朋友之间的存在，双方既像亲人那样彼此相爱，又像朋友一样各自独立，所以既要贴着对方的心，又不能过于冒犯那颗心，这分寸极难把握，需要两个人长久地相互调整适应。

就是说，我们这颗心，应该钻进家人心里面，站在朋友心外面，贴在爱人心旁边。保持正确站位，才能营造一片和谐。

无论什么关系，如果位置站错了，可能就全错了。

如果你总是觉得与人相处不好，各种拧巴失望不如意，不妨试着调整一下自己的站位，找到真正适合你们的距离。

人生里的很多不幸福，都是因为站错了位。

不完美也是一种完美

[1]

在电影《一代宗师》里，八卦掌宗师宫羽田的千金宫若梅，曾经叶底藏花，遇见叶问，梦里踏雪几回。两人有缘无分，终究江湖相忘。再相逢，已是千回百转，沧海桑田。他们有这样一段对话——

宫若梅：我在最好的时候遇到你，是我的运气。可惜我没时间了。想想说人生无悔，都是赌气的话。人生若无悔，那该多无趣啊。

叶问：人生如棋，落子无悔。

我们总是在追求所谓的无悔人生，抱着不求有功但求无愧的态度，小心翼翼，亦步亦趋，以避免日后的"早知今日悔不当初"，或者是"失去了才知道珍惜"。

无愧，便无憾。

无憾，便无悔。

事实上呢？

穷尽一生，大概也没有谁的人生能够真正做到无悔。

往往是，当你静默枯坐的时候，夜阑梦回的时候，因为某事而失意来袭的时候，回首身后路，一桩桩后悔的事，纷，至，沓，来。

小时候，好像还没有什么记忆深刻的事情，能够撩起后悔之心……

中学，在关键的冲刺阶段，沉迷于游戏，或者将心思用于暗恋一个人，耽误学习，现在想想，真是后悔。假如当时能够全身心投入学习，凭借自己的悟性和刻苦，考一个好大学定然不成问题，那么人生又将是另一番景象……

大学时代，傻乎乎地一味用功读书争取奖学金、三好生，却忽视了其他能力的锻炼；曾经在暗恋的老师窗下徘徊再三，见面时的言语反复练习，最终也没有鼓起勇气去表明想向他学习葫芦丝的意愿……

恋爱时节，遇到一个人，彼此情投意合，却因年轻气盛，任性妄为，不懂得珍惜，从相爱到伤害，最终沦为最熟悉的陌生人，老死不相往来。

有时候想想，不能说没有后悔。假如上天再给我一次机会……

后悔最亲的人在世的时候，没舍得花时间陪她说说话，聊聊天；

后悔茫茫人海中有幸遇见一个人，斯人若彩虹，却因自私的执念，最终将对方推远；

后悔没有好好把握各种机会，任其擦肩而过，付之东流……

想起这些，心中梅花飘落，缤纷地，无声地。

[2]

后悔之事，有时倒也能成全一番景致。就像落花有意随流水，流水无心恋落花，就像落红不是无情物，化作春泥更护花。

诗人张枣，写过两句诗，特别美：只要想起一生中后悔的事，梅花便落满南山。

《红楼梦》中的晴雯是个泼辣刚烈的女汉子，临终之前，她与宝哥哥执手相看泪眼，哽咽说道：

"我虽生得比别人略好些，并没有私情蜜意勾引你怎样，如何一口死咬定了我是个狐狸精？我太不服。今日既已耽了虚名，而且临死，不是我说一句后悔的话，早知如此，当日也另有个道理。"

晴雯一世清白，最终还是担了一个狐媚惑主的虚名。想到此处，大概她心中的梅花便落了。

《赤壁》当中，曹操爱江山，同样爱美人，一不小心，也或许是心甘情愿去中美人计，将战事置于一旁去赴小乔的约、品她沏的茶、听她扯一些无关紧要的淡，错过最佳战机，致使赤壁失利。

当曹操叹"没想到我会输给了一次风，我也没料到我会败给了一杯茶！"的时候，他心中的铿锵梅花便落了。

集淫棍、恶霸、地痞、官僚于一身的西门庆，不管最终到底是命丧狮子楼，死于侠义英雄武松的刀下，还是牡丹花下死，丧命于纵欲过度，都是落一个"不得好死"的下场。

临终之际，回想生前种种劣迹，像幻灯片一样在脑中掠过，与地方官吏狼狈为奸、无恶不作，与成群妻妾荒淫无度、穷奢极欲……他是否后悔当初被姓潘的叉杆挑帘的那一幕所迷惑，以至于心中梅花阵阵飘落。

人生一世，不论长短，若说后悔的事，实在很多。这已算较真。

假若你仔细一想，就会发现，正是那一桩桩后悔的事，才让你的人生变得有血有肉，有情有义。

也正是那些后悔之事，让生命变得有趣有味有所追忆。或许真应该自我安慰地叹一声：人生若无悔，那该多无趣啊。

这样一想，似乎有点不知后悔什么，诚觉无事可悔的意味了。

不是每一件事都要有它的价值

每个人的人生都有那么一段徒劳的经历。

台湾作家九把刀说到他小时候的选择，并不是成为一名作家，而是一位漫画家。小学他痴迷卡通片中的原子小金刚，于是将原子小金刚当作蓝本，画了很多的图画、漫画串成故事，是原子小金刚跟怪兽、机器人和恐龙讲话。同学都非常捧场，课间争相传阅，并且催促九把刀赶快画出最近的剧情。这让九把刀画得更加热血，最后惹得老师开始给他家里告状说："你的儿子数学考试考完都不验算，考卷翻过去，全部都是在画漫画。"

然而从今天看来，最初的梦想并没有变成现实，九把刀成了成功的作家，甚至是成功的电影导演，而不是成功的漫画家。毫无疑问，痴迷于漫画的那段经历变成了徒劳。

九把刀以自身的青春期恋爱经历作传，自编自导的电影《那些年，我们一起追的女孩》就是一部恋爱的徒劳史。花很长时间去暗恋一个人，然后花很长一段时间去追求一个人，最后都没有结果，还要眼睁睁看着这个女孩儿和别人谈恋爱，然后嫁人。虽然徒劳无功，虽然可能对于未来没有任何意义，可是，又怎么能否认，那便是我们真实的生活，让我们哭过、笑过、恨过、恼过、伤心过、开心过的每分每秒。

电影中有那么一段镜头。沈佳宜教柯景腾学习数学，柯景腾说，你信不信10年后，我连log是什么都不知道，还可以活得好好的。

沈佳宜说，我知道。

柯景腾说，那你还那么用功读书。

沈佳宜说，人生本来很多事就是徒劳无功的啊。

沈佳宜的话直白、精辟，一语点醒了主题。人生明知很多事情是徒劳无功的，却还要去做，这不是苦役，恰是人生的乐趣和悬念之美，美在不可知，需要在以后的路途中细细体会。

把人生的卡带倒过去看一下，九把刀如果不是从小练就了用画面讲故事的习惯和潜质，他的小说和电影就不会变得如此生动和细节丰满。

乔布斯在大学期间休学了，无课可上，如果不是无聊的时候去自学一些书法课程，沉溺于书法里，后来畅销的麦金托什电脑可能就不会有多种字体和变量距字体了。

台湾知名导演、作家、主持人吴念真当了3年特种兵，当时认为当兵很倒霉，3年就鬼混过去了。但转过头来看，军队里有各种不同的新兵，他们家里都是做不同行业，有不同的教育程度，有坐过牢的。同他们相处，听各种故事，知道了不同人的生命经验。

所以吴念真说，人生就是从一大堆很严厉的状况中挣扎过来的，每一样东西都可能是养分，包括徒劳。如果把所有事情的取舍都看得那么功利、直接，这样的人和人生该多么寡淡无味！完成了一个目标会有另一个目标，获取了一些财富还想更多财富，争得一个职位还有更高的职位，人如果依靠这些去寻找幸福，幸福会越来越远。

不妨体验一下徒劳之美，平常事物也有乐趣，琐碎工作也有意义，幸福不仅仅是豪车美宅，职业风光。而在自己，内心的温暖，视野的高度，对幸福和喜悦的最简单感知，都是。

希望是生命最好的养料

[1]

朋友把我带到一块宽阔的平坦地，要我闭着眼睛向前走。我想，这有什么难的，于是闭上眼睛向前走起来，可走了十多米后，心便不安起来，生怕脚绊到了什么，额头碰到了什么，最后，还是忍不住睁开了眼睛。

按说，地这么宽阔这么平坦，是不用担心绊着什么碰着什么的，可为什么还是害怕向前走呢？

朋友说，害怕向前走，是因为闭上了眼睛，对眼前的一切什么都看不见，不知下一步要踩到哪里、走向哪里，害怕向前走，那是对未知的害怕。

我说，未来也是未知的，这样说来，我们每个人不都有一种对未来的恐惧和害怕吗？朋友说，但我们可以做到不恐惧不害怕。我问，怎样做到不恐惧不害怕呢？朋友说，给未来一个清晰的目标、计划和理想，让未来看得见，这样，我们就可以坚定自信地走向未来了。

[2]

有人做过这样一个实验：用两只没水瓶子，分别装着一条活着的鱼，然后，把一只瓶子放在桌上，另一只瓶子放进水中，不过，不让水进入瓶子，瓶子里仍然没水。

瓶子里两条离开水的鱼，哪一条会活得更久呢？实验结果表明，那一条放入水中瓶子里的鱼，其存活时间远远长于另一条。实验者经过多次实验，结果都是如此。

为什么会是这样呢？实验者解释说，因为在水中瓶子里的鱼，瓶子里虽然没水，但瓶子里的鱼看到了水，看到了水就在眼前，看到了生命的希望就在眼前，是希望拯救了它，让它更长时间地存活了下来。

让离开水的鱼儿看到水，让绝望中的生命看到希望，这是对生命最好的拯救。

[3]

一次，我在西北的一个干旱地区，见到那里的人植树的方法很奇特：每个挖好的树坑旁，除放着一棵树苗外，还有一个密封而透明的塑料袋，袋里装满了清水，人在栽下树苗的同时，把密封的塑料袋也埋进树的根部。

塑料袋里的水是密封的，树根无法吸收到水分，那把塑料袋埋进树的根部又有什么用呢？

一位果农看出了我的疑惑，对我说，把装满水的塑料袋埋进树的根部，不是供树根吸收的，而是让树根"看"的，让树根在干旱的土壤里，也能看到水，看到生命的希望，从而给树根传递这样一个信息：我的身旁还有水，我不会干枯而死。

据说，用这种方法栽树，即使在严重的干旱地区，树的成活率也极高，而且大多都能茁壮成长。

培植树，与培育人有着同样的道理，重要的不是给他们灌输"水"，而是让他们看到"水"，看到希望就在眼前。因为对生命来说，无论是树还是人，希望是生命最好的养料。

每一天，
都会有新的际遇

[1]

看到一个故事觉得很有趣：

纽约有一名公交车司机，他的工作就是每天看着人们上上下下，看着他们往钱箱里扔5美分，1美元的硬币。他每天重复着同样的路线，没有变化的站台，到了1947年，他已经这么平淡无奇地生活了20年。

某一天早上，这位公交车司机终于爆发，那次本来该右转去站台接人，他却左转开上了华盛顿大桥，开始了一次说走就走的旅行。3天里，他去了不少地方，包括白宫，最后在距纽约、距他烦恼生活的约2100公里的地方被警察抓回。

回到纽约，出乎意料的事情发生了。这位任性的公交车司机，受到纽约人民的夹道欢迎。

纽约的媒体这样报道，"今天，全美国成千上万的工人和劳动者，在继续他们单调乏味的工作时，心里稍微多了一点轻松的感觉。这位名叫威廉·西米洛的司机，成功逃脱了他单调乏味的生活。"

[2]

你的生活单调乏味吗？你想逃离现在的生活吗？

我想起两年前，看完电影《心花路放》，很多人嚷嚷着去大理。主题曲《去大理》的歌词非常撩人：是不是对生活不太满意/很久没有笑过又不知为何/既然不快乐又不喜欢这里/不如一路向西去大理……

那一年的年末，我真的买了一张机票去昆明，然后从昆明坐火车，一路向西去了大理。

一个人，没有旅伴，背着绿色的登山包，穿着冲锋衣，手里拿着一本书，在城市里旅行。

大理的风那么温柔，我从寒风呼啸的北京，到了四季如春的大理，一下子就醉了。长风浩荡，我竟然泪流满面。

下了火车，跟随着人群晃到公交车站，坐上脏兮兮的座位，慢腾腾地晃到古城。

订的青年旅舍在一个巷子深处，路两旁的冬樱花开得茂盛。

夜晚的古城，酒吧里到处是撩人的情歌，大家互相拍拍肩膀就是朋友。我们一群人在著名的BADMONKEY点了啤酒，等待现场演唱。那个主唱是个挺漂亮的姑娘，短头发，郁郁寡欢，疏离的气质。

好像随时都可以有故事发生，下一个路口就有奇妙的际遇。

后来我又去了双廊，在洱海边跨年，看到绚烂的烟火。

那次在云南晃了10来天后，我再也不想出门旅行。

[3]

我们为什么想逃离现在的生活？

加拿大作家爱丽丝·门罗有一本小说集《逃离》获得了2013年的诺贝尔文学奖。8个故事，讲述的都是主人公拼尽全力逃离当下的生活，奔赴未知的远方。带着无限的犹豫，无奈，怅惘和迷惑的气质。

她们逃离的是什么呢？

是家庭，是两性，是自我。

逃离是痛苦的，可出走的半途中发现能"拯救"自己的依然是自己逃离的地方，更令人沮丧。

就像我们，常常感到生活烦闷，单调，无聊，心心念念着要去远方，真的到达远方之后，发现一切也不过如此，又开始想念日常生活的温暖，安定。

我们始终无法逃离生活本身，无论我们内心再犹豫，挣扎，勇敢，还是绝望。

你始终无法挣脱你的身份，你与生俱来的责任。

胡适先生说，"容忍，是一切自由的根本。"

不是挣脱那些束缚你就自由了，只有包容那些束缚才会获得真正的自由。

[4]

特别年轻的时候，对波兰诗人的那句"生活在别处"深信不疑。

后来我不再想逃离生活，对旅行也很难再提起兴趣，因为我发现了在平淡生活中更有趣的冒险方式：一种是读书，一种是写作。

这两件事情，链接了我和这个世界的太多太多人，内心深处的远游，抵得上飞行几千公里看到的曼妙风景。比起那些风景，每个人完全不同的大脑回路才最有趣和迥异。

为什么我们想逃离现在的生活？

因为在日复一日的单调重复里，我们封闭了我们的感官。我们的眼睛，再也看不到新鲜的事物，我们的耳朵，再也听不到优美的声音。我们昏昏欲睡，我们百无聊赖，我们生无可恋……

而逃到一个新鲜的别处，我们的感官才恢复敏锐和好奇。

你才会发现，原来你的耳朵，不是为了塞住那个胆小的遁世的耳机的，它还可以听一听海浪的声音；你的眼睛，看到的再也不是灰色的天空灰色的街道灰色的写字楼，它还可以凝望高原一望无际的绿色和羊群。

读书和写作，有着同样的功效，它们使我变得敏感，好奇，每天有新的际遇。

你在哪里？你想逃离现在的生活吗？

别在你的纠结中焦虑不安

有一次坐地铁的时候，旁边的姑娘在看一档选透节目。顺便听了一下，大概内容是一个年轻的姑娘唱了一首歌后，开始讲自己的音乐梦想，然后说了一段惨痛的身世。小时候没有妈妈，由外婆带大，前不久外婆也走了。生活艰难，但一直有梦想，希望老师们给她机会。

由于我已经到站，并不知道后来老师们是否给她机会。我并没有考虑这些经历是真是假，只是觉得这样的经历是需要同情和帮助。同时又有另外的问题：既然是一个唱歌和才艺的比赛节目，选手的经历跟这有什么关系？为什么要用这种方式来获得机会？

过了不久单位需要做财务年审，她忘记了这事。我们发现时，她说她最近生病了，每天都不舒服，这几天还在发烧，她真的不是故意忘记的。看着小姑娘这样的遭遇，很难狠下心来去责备。但是这一回我没有再安慰她，而是让她想想，为什么每次做错事，不是跟男朋友吵架，或者就是身体不舒服？到底是因为自己的遭遇让自己犯了错，还是因为有错才拿自己的遭遇当挡箭牌。

她的情况，显然是后者。她也承认我的分析是对。

我说你跟男朋吵架了、生病了是值得同情，但是这些跟我们的工作有什么关系呢？这些事并不能给工作挽回任何损失。

我对这样的情况这么敏感，是缘于几年前我曾供职公司副总的行为。有一次我们接了一个几十万美金的订单，在这个订单还有一个星期出货的时间节点上，配合生产的工厂竟然放假了。我们的生产时间都是按天算好的，出货每晚一天就要以订单金额的10%来赔偿客户。这个结果显然是我们公司无法承受的。了解情况后得知是因为厂长的父亲去世了，厂长前些天回家处理完回到工厂后情绪低落每天不安排工作，一拖再拖后工人竟也不干活了。

清楚地记得当时副总跟厂长打电话说，非常能理解他痛苦的心情，但是生产不能拖着不动。再晚几天我们公司就得赔款给客人，到时我们也会有人无法生活下去。对方厂长还是在电话里诉说着亲人的离去之痛，没有心情去安排工作。副总很冷静地说：作为合作伙伴我同情你的感受，但是作为一个有责任在身的人，不能因为自己的心情不好而放着这么多工作不做让你客户的订单拖延。你的父亲走了，已经成为了事实。你又不愿意把你的工作权力交出来给别人，你还要因为你一个人的情绪影响到更多人的生活。这不是一个负责任的人该有的表现。我决定这个订单生产完后，我们不会再跟你们工厂合作。

听完副总讲的这些话，当时十分吃惊。一来是觉得有些话说得有点狠，二来觉得这样说厂长会不会更不愿意干活。副总说，如果真的是这样结果，我们就得在短时间内找到其他的工厂，能出多少货就出多少。实在做不完的该赔偿客户损失就赔偿损失，这是我们应该承担起的责任。就像现在的工厂，把订单如期做完是他们应该承担的责任，不能因为个别人的一些意外情况而推卸责任。

面对会计妹妹这些行为的时候，我再次想起当初副总说的这番话。其中的关键词是：承担责任。她不愿意承认自己不认真看资料而犯的错，她也不愿意承认自己忘记了做年审的时间。看似有很多理由，归根结底是在逃避问题。

后来我去详细了解这些现象，心理学家武志红在《感谢自己的不完美》这本书里针对这种情况有一个定义叫"找替罪羊迷局"。他说曾经有一个找他咨询的年轻人总是想着做一个自由的人，对现在的工作不满意。只要一不开心就觉得工作阻挡她去追求理想了。后来她辞掉了工作，又觉得生活太现实。没有收入，很多事做不了，又觉得理想太不真实。就这样长期在自己的纠结中焦虑不堪。武老师在书中说，这就是明显的逃避眼前问题的做法，也是不愿意承担责任的行为。

选秀的选手、会计妹妹、工厂厂长，也许还有你、我、他，我们身边的人总是在犯错、有意外情况时，第一时间想到的不是眼前的问题，而是"我身世很惨、我跟男朋友吵架了、我有亲人离开了、我有理想要实现"等等。我们是不是要认真地想一想，这些事跟除你之外的人有什么关系呢？我们拿这些事来安慰自己，或者期待别人的原谅抑或同情，对你所面对的事情有没有实质的帮助？

我非常喜欢迪卡侬集团内部推崇的一句话：I take care of your freedom, you take care of your responsibility.

我把它理解为：我尊重你的自由，你重视你的责任。

[请从你的习惯痛苦中跳出来]

2011年的这个时候,我一个人去西藏旅行(啊,好想在这个金秋季节再去一次啊)。出发之前,我在旅游论坛上找到一位同行的驴友,她是个活泼可爱的女生,我们一同坐上了开往拉萨的火车。在火车上,我感觉我和这个女生差异太大,她是个好姑娘,可是我们谈不到一块,因为我们根本就不是一路人。2天的时间里,她不是在睡觉、吃很多东西,就是拉着我一直闲聊,而我只想安静地坐着,欣赏窗外的风景。我觉得她挺烦人的,她估计也觉得我这个人很无趣吧。

到了拉萨,我们同住一家青旅,同一个房间。我们准备先在拉萨转转,适应一下高原的环境再去其他地方。我开始每天纠结要不要等她一起吃早饭,因为她要睡到9点钟才起床,而我又不敢和她讲,你要早起,不然我自己去吃早饭。等她吧,早起的我肚子已经饿得咕咕叫,不等她吧,我又觉得不太好,毕竟是一起同行同住的朋友,之前也约好要一起吃早饭。我想那就忍忍吧,等等她。

她做事情比较随性,时间观念不强,约好10点出发去参观寺庙,她化妆、换衣服、收拾东西一直要到11点半才出门。而我这个人有强迫倾向,做事情喜欢有计划,几点到几点要干什么都有一个目标,希望每一天都过得很充实。而她一点都不喜欢计划,一天的时间只能逛一个景点。凡事都要等她,迁就她,我感觉非常痛苦,一天比一天煎熬。我只好安慰自己:你看,你晚上睡觉打呼噜，人家也不嫌弃你；如果换一个房间，和陌生人住一起，也会有其他的问题；你一个人住的话，房费也比较贵；而且两个人在一起总比一个人更安全一些，好歹一路上彼此有照应。这样安慰之后，我选择继续默默地忍耐。

与她结伴旅行的第五天，一早醒来，想到还要和这个朋友在一起，我非常沮丧和痛苦，压抑、委屈的感觉全部涌上心头，我问自己：在剩下的半个月旅行中，你难道每天都要这样过吗？你为了这次旅行准备了这么长时间，难道要以这种方式浪费掉吗？你是不是真的没得选择？你可以为你自己做些什么？

认真思考了这些问题后，我告诉她，我不待在拉萨了，我打算一个人去别的地方。她也没有说什么。于是，我迅速地开始找人拼车，完成之前制定的计划，离开她，出发去了林芝。从那以后，我都按照自己的心意安排行程，去了圣湖纳木错，去了珠峰大本营，我的每一天旅行都非常美好，在路上也认识了很多有趣的朋友。

这个经历让我看见自己是一个多么害怕冲突，多么害怕拒绝别人的人，让我看见自己在遇到矛盾和问题时不敢面对，而是选择逃避或者默默忍受，也让我看到自己原来一直习惯于委曲求全。

在火车上，我就已经很清楚自己跟这位驴友合不来，但是我却一直不愿意面对，下车后继续选择和她一起同行。对于她一直让我等她的事情，我不敢说，也不敢离开，害怕破坏自己与她看起来表面和谐的关系(这样的关系并不值得我小心维护)。还好我后来清醒过来，虽没有做到当机立断，但好在及时止损，重新作出选择，不算太晚。

后来，我注意到像我一样在错误的选择上一错再错的人不在少数。

2年前，那时每个月有一天我会去接公益的心理热线。有一个咨询者让我印象深刻，我就叫他小A吧。

小A在高考填志愿的时候，因为父母说念金融专业大学毕业后好找工作，挣钱也多，于是他听从了父母的选择，放弃了自己喜欢的法律专业。大学时，他不喜欢金融专业的课程，但是因为父母付了学费，他认为自己也要做一个好学生，于是勉强自己好好学习，所以学习成绩还算不错。好不容易毕业了，他选择了从事金融行业。他每天干着自己不喜欢的工作，虽然温饱不愁，但是内心非常煎熬，生活得很不开心，每天上班的感觉就像上坟。

然后小A觉得要考研才能摆脱自己工作上的困境。于是他开始准备考研，但是问题来了：是考金融专业？还是重新选择一个专业？他认为跨专业考研困难，之前学的是金融，也干过金融业，如果选择金融专业，考研成功的概率会更大一些，于是他选择报读金融的研究生。经过努力他考研成功，可是读研的时候，他学习很痛苦，因为不喜欢这个专业。毕业以后，他的薪水翻了几倍，但内心却越来越痛苦，因为他真心不喜欢干金融工作，年纪也越来越大，想转行也不敢。

小A打电话来，主要咨询他要不要选择出国读书的问题。此时，他的年纪已经三十三岁了，结婚几年，孩子刚满一岁。他纠结的问题：1，要不要选择出国读书？2，是读金融专业，还是读一个新的专业？3，这个年纪开始学习一个新专业会不会太晚了？4，如果出国读书，老婆、孩子怎么办？5，留学回来能不能找到工作……

当时咨询结束后，我心想：唉，这个人怎么一直让自己受苦啊？怎么一直对自己讨厌的专业不离不弃呢？花了这么多年，折腾了这么久怎么还没有认识到自己一直在重复自己当年的错误选择？他为什么一直没有勇气选择另一个专业呢？

从事心理咨询工作的过程中，我也遇到不少人一直在重复自己当年的错误，明明知道自己选择错了，但就是没有勇气纠正自己的错误选择。

我有一个来访者，年轻女性，和男友恋爱8年，也痛苦了8年。恋爱初期她就发现男友有赌博的恶习，两个人经常为此争吵，她无法改变对方，也不愿意放手。然后开始同居生活，为了男友赌博的事情，为了生活上的琐事，两人吵个没完，甚至发展到动手。可是她不去直面这些问题，反而为了准备结婚事宜，定下了两人一起买房的目标。在这个过程中又发生了一系列的问题，两个人继续吵啊，打啊。就这样过了三四年，房子也没买成，因为工作挣到的钱都被拿去赌博输光了。这个女生从刚开始的不满愤怒，到经常情绪崩溃，再到后来的抑郁想死，她的情绪问题在这8年里越来越严重。这个女生无数次想要分手，但最后都没有勇气真正离开男友，结束关系。

还遇到一些女性在二十五六岁被父母逼婚，一直相亲，压力实在太大，自己也害怕当剩女，于是草草嫁人。怎么个草率法呢？与一个相亲对象见了两三次面，相处时间合计不到20小时就领证办婚礼了。婚后发现没有爱的婚姻实在难以凑合，两个人的关系连普通室友都不如，对彼此都不信任，半年才过一次性生活，两个人完全是为了父母想要的婚姻框架而结婚的。她们很痛苦，知道自己的选择错了，内心很恐惧。不知道婚姻该如何继续下去，也不敢离婚，于是，她们选择生一个孩子来解决问题。十月怀胎，生了孩子，发现问题更糟糕，没有爱的婚姻，再加上孩子的出生，夫妻矛盾、婆媳矛盾，无数矛盾大爆发。面对这些问题，她们无力解决，又开始逃避，不久陷入婚外情的漩涡中。

那些被家暴的很多已婚女性也是如此，明明一开始就知道与充满暴力的男人在一起，自己会很痛苦，但是却无法离开，恐惧离婚，反而会选择生个孩子，让孩子同自己一样活在暴力中，让孩子跟着一起受苦。而在这样的环境下成长起来的孩子可能要用自己的一生来挣扎家暴的阴影。

为什么这些人都没有勇气离开让自己痛苦的人、痛苦的事、痛苦的环境、痛苦的工作？

为什么当他们意识到自己当初做错选择时，不是去修正错误，反而是让自己不停地做出一个又一个错误的选择，在错误的路上越走越远，直至让自己置身深渊？

一是习惯。我们在一个地方待久了就会习惯。即便是置身痛苦中，时间久了，也会习惯，然后被这股习惯的可怕力量控制住了。

二是恐惧，对失去已经拥有的恐惧，对未知的恐惧。选择离开熟悉的道路，需要我们放弃一些东西，走上一条陌生的道路，也会让我们没有安全感，感到非常恐惧，然后我们被自己的恐惧困住了，无法动弹。

三是逃避，不去直面问题，不敢面对自己的错误选择。我们很多人不仅简单地逃避问题，还用一系列错误的选择继续掩盖问题的根源，企图转移自己的注意力，结果只是恶性循环，问题越来越大。

四是不相信自己能够摆脱痛苦，不相信自己能够过上快乐、幸福的新生活，我们被这种不自信紧紧抓住，无法行动。

很多时候，生活的真相是我们自己让自己受苦，是我们让自己活在自己制造的痛苦中，不愿离开。我们要看到，自己要为此负上全部的责任。

你在一次又一次的选择中，是让自己受苦，还是让自己快乐？

你敢不敢让自己从习惯的痛苦中离开？你敢不敢去纠正自己曾经的错误选择？你有勇气让自己快乐吗？你有勇气做到即便是恐惧未知，也要为自己的幸福快乐负责吗？

受了点批评就哭

我相信，在每个人的成长过程中都会伴随着些许骂声。比如说幼儿园时，因为对待长辈没有礼貌而被父母骂；小学贪玩不写作业被老师骂；初中正值叛逆期常和同学打架被校长骂；高中违反学校禁令偷偷染头发被打分的学姐骂；大学旷课睡懒觉被辅导员骂；上班迟到被人事经理骂。

既然挨骂这种事很普遍，那么我们又是怎样回应的呢？

我来还原三个骂战现场，你可以看看你属于哪一种。

L先生是我的同事，有一次为了赶进度，不小心把给客户公司的合同中漏了一项重要的条款，等到发现时，已经晚了，造成这单交易至少六位数的损失。老板知道后，大发雷霆，摔烂了烟灰缸、踢坏了办公椅，当众骂他是"没用的猪脑子"。我们在一旁都为他捏了把汗，怕他做出什么冲动的事情，可他却安静的低头，任由老板数落，然后在第二天等老板气消了，主动提出将自己的工资减少两千来弥补错误。

接下来，他更加认真地工作，不仅反复查看合同的条款，还格外注意每笔交易的细节，再没有犯过类似的错误。而且他最近签署的几笔合同给公司带来了不小的收益，已经被老板提升为业务主管。

Z小姐的故事是我听大学同学讲的。Z小姐很漂亮英语能力又强，在众多求职者中脱颖而出，被应聘为他们部门的行政助理。起初大家合作得很愉快，但不久就出现了问题。我那个同学接到客户电话，说本应该送到的文件没拿到，同学一想也许是快递路上耽搁了，便好言给客户道歉说再等一天。

谁知过了好几天，对方还是没有收到，同学匆忙赶到快递公司追踪运单号，才发现，快递的地址填错了，竟寄到了另一个客户的手里。同学责问起寄快递的Z小姐，Z小姐却不以为然，辩解说这点小错误没什么。碍于同事一场，我那同学也不好意思深究，只得自己认了倒霉。

后来Z小姐又犯了同样的错误，不过这次，是经理的快递，由于文件相当重要，经理把她叫到办公室一顿臭骂。令人可笑的是，Z小姐非但没有认错，反而指责经理小题大做，态度很不好。结果可想而知了，连试用期都没到，Z小姐就被公司解聘了。

一年前的我还是个职场菜鸟，虽然每天都是竭尽全力地完成手上的工作，但有几次还是因为马虎大意，交给主管的数据核算错误，挨了她的骂。我向来追求完美又脸皮薄，表面上风平浪静，内心却早已翻江倒海，所以挨骂当晚回到家觉得很是委屈，小哭了一场。之后上班时遇到主管总躲着走，上交材料也战战兢兢，生怕又错了再次挨骂。

可越是纠结就越容易疏忽，而且犯的错误越来越低级了，不是把发给主管的压缩包里忘记放文件，就是把公章盖错了位置。主管的脸色愈发难看，我的心情也更加不好，压抑的情绪经久不散蔓延身心，导致那段时间我抵抗力低常生病，头发掉得厉害，生理期紊乱，喝着医院开来的中药调理身体，可却不知道有什么方法可以调理心情。

如果你是属于L先生那样的人，那么就不用往下看了，我要恭喜你，你已经在这残酷的社会中练就了强大的心理，懂得把错误当作成功的动力，胜不骄败不馁，你的未来一定大有作为。如果你是属于Z小姐那样的人，你也不必往下看了，既然你固守己见，觉得犯点小错误无关紧要，我只能祝福你早日遇到一个"不拘小节"的上司。如果你是属于我这样的人，拥有一颗敏感的玻璃心，过分在意别人的看法，可是出现了问题又执拗地不想屈服于人，那么就听我慢慢把故事讲完。

我心里清楚，身体出现的问题是源于那些坏心情的，而坏心情又是由于频频被主管骂引起的。我便问自己，主管骂我是不是因为我犯了错。我答，是的。我又问，既然知道犯了错误，为什么没能及时改正。我答，我承认我有独生子女身上可悲的公主病，容不得别人说自己。

我继续问，既然之前的做法受到了恶果，我该如何摆正心态呢？我沉默。虽然我很想纠正错误，知道主管骂我是为我好，但自己却始终过不去，觉得挨骂不服气，可短时间呢，又没办法改变性格，练就强大的心理。

于是我便不停地在脑海中回放主管的话，妄想通过洗脑的方式来接受这些指责。就这么想着想着，突然嘴里就冒出了一番话，以气急败坏的语气大声地骂起自己来，小曲，你自己来看看你刚给我传的文件，怎么能这么粗心呢，数据，数据计算错了，格式，格式又是乱的，就你这样的，还想干财务，要是公司把账交给你来做，我敢打赌，不到一个月，我们肯定被税务局举报，有可能要罚交几十万的税款，这责任你担得起吗？你天天待在办公室，还没开始跑银行收付大额货款呢，现在连手头这点事都做不好，心思飘到哪去了，我劝你趁早别干了。

这通话刚说完，我没忍住，扑哧一声大笑起来。虽然话是原封不动照搬主管的，但是由自己说出来，却没有了当初的不服气，竟在大笑之后深深思索起这话的意义。的确，既然要干财务工作，就必须细心严谨，也许小小的一个数字就能造成巨大的损失，而这个社会，除了自己，又没人能够帮助你。等到想通了这一点，我眼中的主管形象也没当初那么可恶了，反倒对她多了几分感激。自然的，影响我很长时间的问题终于得到了解决，现在我可以理直气壮地说，我的工作能力受到了全公司的肯定，失误率近为零。

真没想到，对我而言，自骂，这种简单粗暴的方法竟是极为有效的。

说句实话，我们大部分的挨骂都是事出有因的，确实是自己犯了错误。但是由于我们可恶的自尊心作祟，认为自我为主，容不得他人来骂，哪怕这个人位高权重，甚至有时连父母都不例外。而且性格所致，面对骂声，并不是每一个人都能摆脱委屈情绪，抛弃玻璃心，拥有强大的抗压能力。

那么我们怎样才能心甘情愿地接受这些意见，改正自身呢？我个人推荐的方法便是自骂了，一来不伤自尊，二来不会因为骂语的难听，冲动地和自己打架，三来如此重复其实是为了加深记忆，忽略气头上的某些污秽之词，剩下的该是极有营养的可用意见。

追溯起来，这道理并不是我凭空臆想的，大概可归于古人的"吾日三省吾身"。

另外值得注意的是，我们只接受应得之骂，那些没有缘由的恶意辱骂就不用接受了，我们犯不上佯装圣人。

现在的我，偶尔还会受到一些批评之音，我都一一把它们汲取过来，每天睡前留个固定的时间，认真地自骂，骂我内向不擅交际、固执而过分较真、懒惰又好高骛远、不顾及别人感受、学习态度不认真、心理承受能力差、办事效率低，然后再默默地改正。

倘若你也曾如我一般，被遭遇的这些问题所困扰，不妨找个没人的地方，把他人的骂话原原本本地学过来，大声地自骂一番，想必你定会有不一样的惊喜。

没人可以
左右你的人生

最有价值的梦想，

就是做真实的自己。

就是从顽固如石的缺陷中，

看到优秀的自己。

若想征服全世界，就得先征服自己

[1]

人生没有结束之前，谁都不能给自己下结论。

很多人说，学历就是一块敲门砖，有了他，你就拥有了相对高的起点。

我并不否认这个观点，但是我也想说，或许学习力比学历重要得多。

假如你在获得高学历后不思进取，停滞不前，你终将落后和被淘汰，那么你的学历对你的而言，就仅仅是过往人生的一张奖状。

学习是一辈子的事情，形式和内容也是多样的。优秀的人愈是学习，愈觉得自己的贫乏。

一位80岁男模的故事曾在一时间刷爆了朋友圈。王顺德，这个具有"中国最帅老人"之美称的"男模"，在去年中国国际时装周上以"东北大棉袄"为设计元素的发布会上，这位须发皆白的79岁老者赤裸上身登上T台，瞬间引发轰动。观众回忆说："大家一看他出现，都惊呆了，纷纷感叹简直是仙风道骨，直接秒杀小鲜肉！"

试想，王老爷子是需要多大的勇气，才能站在这个闪烁的T台上；又需要多久时间，去汇聚那些无需迎合别人的内心力量。

他比任何人都明白，通过学习和坚持得来的自我提升才是人生路上最美的风景。如果与年龄较真，那么他的梦想终归只是梦想，他的个性也终归只能是平庸。

[2]

我还年轻，不想对人生草草了事。

相信很多人会羡慕那些能讲除了中文、英语以外第三门语言的人。这种崇拜来源于，这些掌握了特殊语言技能的人类，仿佛能看到一个不一样的崭新世界。崇拜他们，我也算一个。

为此，我也曾一度想要认真学习一门语言，但时间总是会被工作、生活割得支离破碎。

不久前，我开始了自己的创业生涯。这一方面使我的生活、工作互不分离，另一方面也给了我更多自由支配时间的权利。于是，我下决心开始学习韩语。

我加入了一个16人的班级，除了一位82年的帅哥是因工作需要来学韩语的，其他清一色的小美女，多数是90后。当老师点名时，问我多大年纪，我一出口，就奠定了在班级里的江湖地位，成为了名副其实的"大妈"……

好吧，我承认，在年龄上，我确实没有优势，但这不正代表着我对"学习韩语"这件事满怀热忱吗？大家纷纷投以惊讶的目光，长辈们或许也会认为这纯粹是在浪费时间。但我还年轻，这些并不会对我产生任何影响，更不妨碍我拥有一颗不想对人生草草了事的心！

我选择学习，是努力让自己过得充实；

我决心终身学习，是想拥有一个充盈的人生。

[3]

没有人可以左右你的生命。

在第二次跟随团队创业的过程中，曾经遇到过这样一个女孩，她为人善良，努力向上。

于是我邀请她加入我们团队。

但当时，公司刚起步，一切都不稳定，我也向她坦诚地交代了现实情况。面谈后，她回家与父母讨论，与朋友商量，但最终没有选择我们。

而另外一批与我们一起经历创业过程的年轻人，因为在工作中接触了大量企业家，思维方式和认知都得到了置换，三年后，有不少人已经升为公司经理、总监甚至副总，可谓是心路历程得到了最完美的升华。

而三年后的她，却依旧在平凡的岗位上，重复着同样的事情，没有任何改变。

一次偶然的机会，我们在微信联系。她说她很后悔，后悔当初听了朋友和家人的意见，并感叹如果选当初选择加入我们，或许如今的命运就是另一番模样。

于是我问她，如果放到今天，你遇到同样的选择，一边是稳定的工作，一边是去一家创业型公司，你会做何选择？

她沉默了。

其实，没有人可以左右你的人生，能左右的只有你自己。

[4]

海明威说过，自己就是主宰一切的上帝，倘若想征服全世界，就得先征服自己。

生命是属于你的，你应该根据自己的愿望去生活。

很多时候我们需要多一些勇气，去坚定自己的选择。

生命并不是依存于你是什么人或拥有什么，它只取决于你想要的是什么。

对你的人生负责一点

Y·Q想买相机，记录生活点滴，也培养兴趣，说不定以后可以用它来谋生。但又纠结价格太高，有没必要买那么贵重的东西，还有担心自己买后，心血来潮玩几天又凉下，未免过于奢侈与浪费。在心里掂量了整整3周的时间，迟迟无法决定。

做一个决定，永远都只有2种选择，做，承担相应的后果；不做，也要甘愿曾经的选择。人很多时候内心过于拧巴，就会难以心静，无法有效作出判断。矛盾、纠结时，恰恰是认清自我的最好时机。

比如从Y·Q的信息中可以看出："纠结价格太高"。试想，一个人若不担心日后没有挣钱的能力，价格应该不是最主要的考虑因素，任何人和物品，永远没有贵不贵，只有值不值。至于担心心血来潮，说明她还没作好使用新产品的信心。也就是说，她还没足够的准备，来善待拥有相机后带来的乐趣与幸福感。若是我，我会考虑，暂时不购买，因为我不希望自己在纠结买不买时，作任何决定。那时，大脑意识基本处于模糊的状态。

一个人活得很纠结，简单点说，就是还不清楚自己想要的是什么。比如，你买相机仅仅只是出于兴趣，用它培养新的技能；还只是搪塞一时的需要，心血来潮，玩过之后，不再珍惜。

日常生活，太多这样、那样的选择，需要我们作判断，倘若一个人能认清自己的所需，他（她）的内心一定是平静而安定的，作出决定的时候，亦一定是清醒而果敢的。反之，若无法在一件事上，足够认清自己，会在隔三岔五的时段，质疑所有当初的选择，日子始终处于焦虑和纠结的状态。这种状态就像热锅上的蚂蚁，爬来爬去，终究分不清出口的方向在哪。

就好像M·R，总是怀疑对画画这个职业的选择，他说自己走的是一条艰难的路。更要命的是，他总是左顾右盼，喜欢将自己拿去与他人比较。人一旦有了比较，就会有这样、那样的落差，为此产生相应的焦虑与情绪低落，这样的状态直接困扰了他画画的动机，难以产生定性。

比如他会说："我觉得自己想达到一个高度好难，但又希望能在画画上有新的尝试与突破。谁谁谁的画真是好。我的主业是运营好自己的艺术会馆……"这些言语能感受到M·R内心的焦虑与不安。与其将时间用来纠结一件事情，不如好好利用起来，埋头练习，或许会有突破的可能。

这个时候，需要清楚的是，自己到底想要什么样的生活，什么才是自己所擅长的。也就是说，明白自己的强项和局限在哪。你的强项是经营，那么绘画当作一个爱好，偶尔调剂自己的生活就好。它只是你生活中一个配件，可以加分的技能，而非全部。如此一想，可能就不会有诸多矛盾、对立的思维了。

人活得拧巴，往往不知道自己想要什么，或者知道，但又被欲望驱使，什么都想干好，却不愿意承认自己的局限与能力所在。这样过日子，生活不焦虑才怪。

世间诱惑从来都是层出不穷，而我们又是那么不会控制自己的欲望，似乎生活要过给别人看一样。这些过于盲从、不自知的情绪牵连与干扰了我们做事的态度，最终导致的结果，人的信念也会在模糊的状态中，给自己并不平衡、对等的压力，弄得疲惫不堪。

是的，人只有清楚自己真正想要的是什么，才可能做到从容、淡定。才可能在事态发展过程中，无论好、坏都能平静接纳，才不会无端与他人去比较。在好的状态，做适合自己内心欢喜的事情，安守恰当的位置，才是我们真正需要的生活。

所以，人无论在何种阶段，大抵该明确自己的价值观、信念、和对待事情的态度。有人可能说，我年龄还小，无法有效地判断一件东西和事情的结果，至少那个时候，你有了困扰与焦虑时，应该学会自我分析，植根内心深处，逼问自己，是真正需要，还仅仅只是出于想要而滋生的欲望。所有的事情，当你立足行动的时候，都会因为你动机的差异，最终产生结果的不同。

生活是一场动态的直播，是自我校对与认清的过程。在这样的过程中，你需要为一些决定后的选择，承担有力的后果，是幸福还是沮丧，全部来自你对待当下的态度；是内心的甘愿还只是想与外界比较，某种程度来自你的自信与把控能力。

倘若你决定某个东西或某件事情，是你所欢喜且甘愿的，那么，决绝果断选择后，不再质疑，低头付出，它一定也会回馈给你内心无限甘甜的滋养。不是所有的人都可以在一件事情上找到乐趣，并持之以恒，也不是所有的人都能清楚日常生活中，什么才是自己所不需要的。所以，才会繁衍出这样、那样的焦虑与纠结，人的心态也由此发生质变。

用心体会你当下的每一个生活状态，真诚善待你每一个决定后的行为，是认清自己与甘愿承担的成长之路，也彰显了你对人生负责的态度。我们每个人都是独立的个体，有局限，也有强项，在此期间，做到对外界一切人、事、物取舍恰当，做到平静而为，志趣而无功利，那么你就能接受因平静而带来的自由恬静。

别让那些闲言碎语
影响了你的决定

[1]

宁姑娘打电话约我喝下午茶，我们去了常去的那家咖啡店。

宁姑娘问我，你说，是不是真的年纪越大，越难嫁人了？

宁姑娘比我大几岁，但长得比实际年龄小几岁，看起来一点都不显老，扎两条辫子，说不定还能装下大学生。

她问的问题我想了想，说，我觉得是。

宁姑娘捧着脸后悔地说，早知道那阵子该去把年龄改小十岁，正青春貌美，看谁嫌弃。

我说，我还没说完，我不觉得姑娘年纪越大越不容易嫁是因为年龄，而是，年龄越大的姑娘，见识得越多，越不容易被忽悠，越知道自己要什么，越明白什么男人能要，什么男人不能要。

是的，姑娘年纪越大越难嫁，是因为姑娘随着岁月地增长，越看得明白了。

[2]

首先，姑娘年纪越大，沉淀的内涵越多。

姑娘没男孩子那么贪玩，也没那么多酒局、游戏局，姑娘要是交了男朋友，可能会一心扑在男人身上，可还有那么多一个人的时光，一般就是拿来自身修炼了，姑娘可比男人更专注自身得多。

姑娘买衣服买杂志学着搭配，买护肤品买面膜做Spa，健身跳舞练瑜伽，这是对外表的投资和保养，出门来一张光生白净的脸、一身搭配过的干净服装，肯定比黝黑粗糙的脸、一身奇奇怪怪的衣服来得讨人喜欢。姑娘自身都打扮得美美的，自然想着另一半至少也是干净整齐的，那些猥琐邋遢的男人也就入不了眼。

姑娘旅游看书参加课程，这是对内在的投资，内涵修养提升后，从内散发出的气质就不一样了，举手投足再也不是莽撞的小女孩，多了几分韵味，多了几分优雅。姑娘自己都那么有味道，那自然更崇拜那些内心成熟的男人，没文化素养的男人又悲剧了。

姑娘从大学毕业一路打拼，受过一些性别歧视，吃过一些苦，也跟男人一起竞争过，姑娘甚至需要比男人用更多心、吃更多苦、流更多泪，才能打拼得跟男人一样的社会地位。这么一个能干的姑娘，内心还是有柔软的地方，渴望找个人靠一靠歇一歇，而能依靠的对象自然能力也不能太差，无可厚非能力比较强的人，会更会有安全感一些。

综上所述，岁月流逝，姑娘长年脚踏实地经营自己，累积起来的资本让她越来越优秀。

现在不是总爱按等级分人么？也许就是这么没交男朋友的几年，一个四等姑娘就一路奋斗到了二等姑娘，或许她的眼光就看去了二等或者一等男人，而金字塔顶的男人永远是最少的，也是下面所有姑娘梦寐以求争得头破血流的，于是乎，中标率又大大降低了。

[3]

其次，姑娘年纪越大，见识越广。

在社会摸爬滚打这么多年，俗话说没吃过猪肉也见过猪跑，姑娘们一直睁大眼睛去看这个世界，虽不是什么都经历过，但至少也见过不少大世面，一点两点的小把戏怎么糊弄得住姑娘了呢？特别是一直在外闯荡的姑娘，那鬼本事可是多着，谁忽悠了谁还说不清楚。

糊涂点或者至少能装糊涂的姑娘，早就睁一只眼闭一只眼嫁了。没嫁的姑娘随着年纪增长，都多长了心眼，甚至会得同一个病：太清醒了。这眼睛就跟透视镜一样，那些男人们对小妹妹耍的小花招完全无用，根本不给男人把自己算计进去的机会，真心还是虚情假意，感受真切得很。

比如一个爱吹牛的男人，如果对象是一个还在上学的十多岁小姑娘，听他说得天花乱坠，一下子就觉得男人多有本事多能干，根本看不到男人的本质，说不定就上了贼船。

可他的对象要是经历过生活的姑娘，一听就知道是不是在装大爷，你要敢吹得牛哄哄，她就不会脸红不好意思，不说脏话不骂人，可随便两句话就撕开了他面具，顶得他心坎都痛了。

年纪大了的姑娘，心底都明白自己想要什么人，经济适用男还是成功人士，心里都有底，有追求者而不接受的，十有八九追求者都是没达到姑娘心里的标准。

不可否认是大部分男人会选年龄小的姑娘，可小姑娘陪嫁的是美貌，只要有钱整容医院到处都是，打个玻尿酸微调一下不难拥有美貌，可大姑娘陪嫁的却是人生历练，千金都买不到，成熟懂事能力经济都不一样，当男人有一定素质的时候，就不是百分之百看年龄了。

其实我们在现实中见过太多出色的太太们，都不全是年纪轻轻的小姑娘，你们身边也一定有姑娘年龄比老公大的例子吧，区分姑娘的，不是肤浅的年龄，而是姑娘自身的优秀与不优秀。

无论是年龄小还是大，姑娘们还是都不能一心只想凭着外貌闯天下，面子为你降低了门槛，里子决定你成败，不做花瓶，让自己的内涵比外表更动人，就算以后年纪大了，男人们也不敢轻视你。

[4]

最后，姑娘年纪越大，越难取悦。

不出意外，到了一定年纪，也有了一定社会地位和经济能力。出门要见客穿着打扮不能寒碜，待客上喝的吃的不能太low，就像很多成功男士戴的名表，高层管理开的豪车，都是一个道理，当生活水平到了需要品质的圈子，自然对生活品质就有了要求。

也许她选择的服饰更看中舒适度、质感和版型，选择的头饰首饰更看中做工、款式和质感，甚至需要一点品牌效益，她再也不能见商家就随意淘一件几十块钱的T恤，也不能在地摊上淘胶水都看得到的小饰品了。

也许她护肤品化妆品只会用兰蔻、雅思兰黛、香奈儿，她再也无法用那些名不见经传的小牌子甚至杂牌子了。

也许她休息和用餐都更注重环境，太嘈杂的小馆子味道再好，她也情愿选择清净，她不再随随便便就在路边摊上一边舔着冰淇淋，一边咧着嘴吃鱼丸了。

也许她没事去健身房游泳馆锻炼，去保龄球网球俱乐部打打球，她再也无法坐下来打打麻将、喝喝啤酒、划划拳、吹吹壳子了。

也许她看上的东西是天然水晶手链、品牌的香水和正版的小饰品，当她再看到洋娃娃、小工艺品的时候可能还是觉得可以，但也不会喜欢得不得了了。

就像金星在某期脱口秀里面说的一样："十岁的姑娘一个棒棒糖就骗走了。"二十岁，三十岁的姑娘，就算你给她买一盒子，啥子味道都齐全的不二家棒棒糖，也骗不走了。

当有男人捧着一束五颜六色没有一点美感的鲜花，抱着一只廉价的走线都歪掉的大熊公仔，带她去吃了一顿肯德基，或者点了一打啤酒豪饮的时候，她可以接受，但实在没有办法像一些小姑娘那样欣喜若狂，视为珍宝。

不是她拜金虚荣傲娇，是她已经奋斗到了这个圈子，她就只能做适合这个圈子的事情，而并不是每一个男人都能支撑起适合姑娘生活品质的生活，见过太多的姑娘，真的不好取悦。

姑娘年纪大了是不好嫁，但绝对不是他单方面地挑剔你的年龄，而是我们更有了内涵和历练做资本，更有了淘汰掉那些我们不想要的男人的底气，好义无反顾地去努力寻找到我们想要的爱人。

请把你的一切都献给现在

周末我和一个女伴逛街，看到一只精巧貌美的流苏挎包，十分中意，在镜子面前摆弄了好一会，但最后还是放弃购买，女伴劝我：买呗，女人要会爱自己。

我心里的OS是，不买是不合适，而不是不爱自己。这个包实在太小，伞在人在的我，连伞都装不下的包根本没用。

似乎现在，女人很累，要上得厅堂下厨厨房，要上班工作下班带孩，要情场不输人职场不输阵。同时，女人的钱也最好赚，一瓶水占9成以上的化妆水能卖好几百，一罐限量版的香水能卖好几千，一只好看的名牌包包能卖好几万。花钱的确是非常有效并且实际的方式，可是，钱真的能替你好好爱自己吗？

[爱自己和花钱是划不上"="的，甚至连"≈"都谈不上]

我身边一个90年的妹子，月入3千元不到，却用着希思黎全能乳液，她总说女人要对得起自己这张脸。我就纳闷了，一个收入不高、家境普通的女孩在护肤上的配置也太高端了吧。

前几天，她生病我去她家送药，我算是知道她怎么买得起希思黎了——她每月房租不到500块！住的房子老旧，光线黑暗，杂物遍陈，与另一个女孩同住一个房间，两人作息时间不一致导致她睡眠不好。屋子不能做饭，于是她不是吃点饼干将就一下，就是靠着外卖存活至今。

如果她不是用着希思黎的话，我还挺心疼她的，可她为什么不买性价比更高的护肤品呢，把"节省"下来的钱去租间状况好一些的房子，或者单独住一间，购置点豆浆机或电饭锅，好好吃饭，好好休息，别让自己总是生病。

多数姑娘或多或少会过一段苦日子，拿着和付出不成正比的报酬，怀着与现实不相匹配的欲望，在消费能力内，买点好货提振下低落的士气、犒赏下拼搏后的自己、抚慰下失恋失意的情绪，没有什么不好。

可是为了一时爽，不惜拆东墙补西墙牺牲健康为脸蛋，拿几张信用卡互相进行爱的供养，总以会花才会赚来催眠自己，不会理财只会拿着青春赌明天，这样的日子是可持续的吗？确定不会被水涨船高的消费欲挟持去做身不由己的事吗？

更可怕的是，有人会被买大牌、掷千金的习惯所驯养，遭遇挫折首先不是去解决问题、自我剖析，而是用最简单粗暴的方式讨好自己。和男友吵架，不去分析深层原因，买个名牌包就搪塞过去，被领导训了一顿，不去反省自己过失，买瓶精华让自己忘掉一切。别人吃一堑长一智换来成长，你是跌一跤买一物错失积累。

我的一个大学同学，她大一时她父亲死于一场意外，责任方赔偿了60多万。从此以后她三观重塑，觉得务必把每一天都当作生命的最后一天来过，千万不能让意外比明天捷足先登。

在校期间，她出手阔绰，开碗即食的燕窝，拎包即走的旅行，新款上市的产品，她眼睛不眨就买单了。毕业找工作期间，在我们都蜗居省钱时，她一个人在市中心租下公寓，办了高端会所的健身卡，不疾不徐地投简历找工作。

今年年初，我俩相聚，我已经攒钱支付了一个小户型房子的首付，而她基本上把那笔不小的赔偿款用完了，边唏嘘边后悔。

不必为经典的广告、高级的忽悠而支付过多的溢价价值，商人的洗脑、情怀的绑架不能定义你爱自己的方式。别只顾取悦当下的自己，不给老来的自己留条活路。

[爱自己的内涵和外延都很丰富]

作为一名经验主义者，身边真正疼爱自己的女生们一个都逃不出我的法眼，她们有些共性的特征，比如能照顾好自己，会自娱自乐，自我治愈力强，没那么物化，相对独立。

甩一个例子，我定向观察+咨询我们公司一位大美妞好几年了，她几乎很少暗示自己需要爱自己，因为自我宠爱早已刻进基因片段里。她的很多经验也被我偷师过来，确实受用：

冲完厕所后，条件反射般地做几个深蹲。睡觉前，手机放在客厅不打扰睡眠；

工作忙得手脚并用、大脑飞转时，眼睛微闭稍作休息，或者用眼神按着笔画顺序写"采"字；

想到今天加班没时间运动，放弃电梯，动作夸张地爬到19楼，就算乘电梯，自己也不动声色地夹紧臀部，优化线条；

买东西看重质量，衣物的亲肤性，保养品的安全性远比LOGO重要太多；

她也很爱购物，买东西很少失手。她在上海学服装设计时，老师让她们去各大商场，只准厚着脸皮试穿，不准冲动买下，了解自己的风格和扬长避短的搭配，避免总是失心疯花错钱。

日常里做好这些功夫在诗外的小事，为改善自己的健康、心情和身材做一份踏实可靠的投入，这样才叫爱自己嘛！

而那些中午不遮阳，专柜前吵着要买瓶奢华修护面霜疼爱自己；没有运动习惯，BUG遍布的身材只能诉诸立体剪裁的昂贵衣服；三餐胡乱吃，以为从澳洲代购几瓶爆款的保健品就能化险为夷，平时好吃懒动、大大咧咧，买大牌刷卡时想起要爱自己了？

爱情中缺乏独立人格、整天郁郁寡欢、没兴趣没自我的姑娘，甭管爱自己的门槛有多低，她都进不来。

舒缓神经的方法，不只是温泉按摩加SPA,照着布克奖诺贝尔文学奖的提名书单阅读一番效果超棒；缓解压力的途径，不单是剁手血拼买包包，约上三两好友到公园赏花赏月赏秋香也能让烦恼隐身。

开源节流积攒下的安全感，规律健康的生活习惯，稳定乐观的心绪思虑都比单纯花钱走心得多，有用得多。

卓别林的《当我开始爱自己》中的一个小节我特喜爱：

当我开始真正爱自己

我不再牺牲自己的自由时间

不再去勾画什么宏伟的明天

今天我只做有趣和快乐的事

做自己热爱

让心欢喜的事

用我的方式

以我的韵律

在我眼中，最好的生活就是以前未来两不误。对以前来讲，现在是以前的未来，是心心念念想的"总有一天"，现在穷酸困苦，我辜负了过去的努力和付出；而对未来而言，现在是未来的以前，是日思夜想的"到那一天"，现在挥霍无度，我透支了未来的美好和憧憬。

爱自己，永远是正在进行时，正如加缪说的，对未来的真正慷慨，是把一切都献给现在。

你的人生，
你自己决定就好

耶茨有一句话是：过你想过的日子，需要勇气。

其实，许多年里，我都很喜欢看那些职场的电影。

我看过特别多的励志的故事，但我最钦佩的，始终是那种抱定了自己的选择，义无反顾向前冲的人，因为他们始终知道，一个人做一个决定，需要勇气，而无论成功还是失败，就都没有那么多遗憾。

大品是我的老大哥了。前段时间，他公司最好的伙伴黄正走了。

大品，那你可伤心了。

大品点点头。

伤心是应该的。这是跟了他快10年的员工啊，见过他狼狈时吃盒饭的样子，也和他出入过城市最好的酒店，与人谈业务。他们一起在城市的高空，放过烟火，那些年，他们都刚来这座城市，大品一直觉得自己的公司是开不下去的，没想到，一下过了十多年。

黄正打算回老家开一个公司，他说，他的母亲觉得他失去了一份优秀的工作，毕竟一年能得到20万元的工资，在他们老家，可以盖一幢特别好的楼。

而且，离开一个公司，创立一个公司，意味着从今往后，自己就要为所有人打伞，让别人不再淋湿。

黄正也犹豫过，他还是那么纯朴，这个公司对他有恩，所以他不走；他的父母又极力反对，他不走；连他的妻子都认为，创业未必会真的更好。可论他的能力，创立一家公司绰绰有余。

黄正来找大品，大品说，不是非得全世界都支持你，你才去选择的。去吧，如果不小心失败了，我的公司，随时欢迎你回来。

你永远都应该知道今天有多努力的男人，就对自己的未来有多大的期望。许多年来，大品一直说这句话，什么时候，都把自己想走的路走一走，比若干年后，回头看一看更重要。

大品说完的时候，黄正的眼眶特别红。那一晚，他们抽了很多烟，也喝了很多酒，像是一场巨大的告别，和巨大的启程。

大品说，成年人的选择，要简单一点。知道自己想要什么，得到自己想要的，为什么要那么多支持呢？

是啊，我们常常犯一个错误，就是让别人"票选自己的人生选择"。明明是自己的人生，却偏偏要那么多支持。好像非得所有人支持了，这个决定才是正确的，值得选择的。

有些时候，深思熟虑的冒险，就是为自己下的最好的赌注，输和赢很重要，但不后悔更重要。

我高中毕业的时候，母亲为了我的志愿，去见过许多长辈，也问过许多人。

虽然，那时，我心意已决，告诉她我想读中文。母亲没说什么，父亲也没有，在就业寒冬的时候，他们并不知道学习那些已经认识的字有什么用，在他们看来，需要开疆拓土，只有那些你从来没见过的事物。

母亲文化程度不高，所以她去搜罗所有人的智慧，像是一场票决。她记录了满满一大本的内容，她可能自己也没想到，最后并没有什么用。

母亲歪歪扭扭的字，我至今还记得，而那个本子中，所有学科后，都用"正"划着。

没有人选择中文，压根就没有人想过，会计、医生、国贸，还有许多我也忘了。

母亲说，你看，根本就没有人选择中文，毕业后，你能去哪里。

她没有想到25岁那年，我成了专栏作者，然后在新媒体到来的时候，也依然有人愿意读我的文字。

那一次深夜彻谈，母亲举了很多她所知道的，我也认识的人，因为选错了专业，获得了并不体面的工作。她甚至用一种不知真假地语气，像个优秀的推销员，拼命把由别人选择的，胜出的那些专业推荐给我。

但我母亲忘了一件事，不是别人，是我需要花自己人生中最宝贵的四年，去选择一个未来。

我不胆小，但也会彷徨，一个20岁，还没有走进社会的孩子，毕竟也会去看看父辈的想法，然后还原在自己身上，当作一场穿越。

那个时候，我学生时代的一个老师特别支持我的决定。她好像真的非常关心我，就是那种冥冥之中的缘分。

她说，你是个大人了，选择你最想走的那条路，才是最重要的。

她没有讲很多故事，她说，如果有两个目的地，一个是你想到达的，一个是你不想到达的，你会选择哪一个。想到达的，对不对，就算苦一点累一点，甚至到达不了，也是你想去的远方。

我点点头。

我那时做了最坏的打算，如果父母一意孤行，我就去借学费。当然，是我多心，我父母不会那么决绝。那些"为了你好"的父母，也真的看不得自己的孩子受苦。

然后，我写下了汉语言文学专业。

这以后的许多年，我做许多决定，都会自己做主，比如和老陈在一起，比如那一年突然想去澳洲，然后就真的去了。没有那么多艰难险阻，只要自己能够担下所有的一切，就已经足够了。

曾经有一个读者问我一个问题，大致是，他想离开现在的工作，中间说了许多当下工作的烦忧，接着，他说，但除了我妻子支持，我某个朋友支持，另外所有人都不看好，你说，我是该离开，还是不离开？

是的，这是一个40岁读者的问题。

说真的，我不喜欢指手画脚别人的人生，尤其是让一个30岁的女人为一个40岁的读者做决定。而字里行间，你可以感受到，他的去意。

我只回答了一句：你的决定是什么？做就是了。你的选择，为什么要那么多人支持。

人生活着，不就是为了去过你想过的日子，然后走自己喜欢的路，与喜欢的人靠近，走向自己喜欢的样子。

本来就需要代价，而代价就是你能不能做一个你认为正确的决定，你喜欢的决定。

人生又不长，活过了20年，再有4个20年就已经算是高寿了。勇敢地向前走。所有的时间都是你自己的，成年人了，做个选择，别像是一次票选，非得全世界都支持你。

我们自己决定就好、喜欢就好、负责就好。

就真的足够。

爱那个最好的自己

[1]

有朋友发来这样子的留言：

我感觉生活好累，事事不顺。心里总是感觉到很慌，很迷茫。

小时候，我也有许多梦想，想做个宇航员，想潜入最深的海底，想成为大作家，想赚多多的钱。理想很丰满，现实很骨感。随着年龄的增长，梦想越来越现实。以前想做个成功者，现在想的是工资能发下来就不错了。

我身边这样的人也有很多，偶尔坐在一起，感觉到心里好失落，不明白为什么活着，就全成了这个熊样。

感觉他们跟我一样，心里还是不肯放弃的。只不过我们这种人的心里，太乱了，我们到底应该怎么做？从哪儿开始？如果做不成怎么办？越想心里越乱。

理想没了，人生的目标也没了，人也越来越封闭，以前还挺阳光，现在却越来越患得患失。想要找个人交流，但是找不到合适的人，每次说话都是欲言又止……很多很多问题就这样被我吞进了肚子里。感觉自己就像是汪洋大海里飘浮的一只小船，放弃不甘心，做事又没处下手。真的很无助。

我只想有个人能够明确地告诉我，我该怎么做。

谢谢老师，期待您的回复。

这个留言好。

[2]

每个人小时，都有一个伟大的梦想。但随着个头的增长，梦想越来越萎缩。等长大成人，就已经完全被庸常生活所灌满。梦想彻底被辗碎，早已是皮毛不存。

为什么梦想会随着人生的经历而萎缩？

[3]

此前，也曾有位蠢萌年轻人，面临着人生选择。

年轻人发现，他特别喜欢看电影，喜欢按自己想象，重构故事中的人物命运。

——那就做个演员吧！

当他做出决定时，父亲怒了，对他说：娃呀，你可知道猪是怎么死的吗？

笨死的！

你竟然想做演员？这是多蠢的念头？知道不，在美国好莱坞，一年最多不过200个角色，却有超过10万人，来争抢这点饭。那就是500人里挑一个呀，再照镜子看看你的模样，你有戏吗？

可是年轻人一意孤行——实际上，是他的脑子空茫，实在想不出第二个兴趣点来。

父亲火爆：那你就去死吧，老子没你这种蠢儿子！

——此后整整二十年，气愤的父亲，再也没和儿子说过话。

[4]

年轻人成功进入演艺圈。

主要工作是搬器材，替大家订盒饭——但这种低端的工作，也面临着激烈的竞争，很快也丢掉了。

幸好年轻人有远见，及早找了张饭票。娶了大学女同学做老婆，有了孩子后，老婆负责貌美如花赚钱养家，他负责煮菜烧饭扫地生娃……他也生不了娃，但在家里照料孩子，这点本事还勉强凑合。

每天，他把饭烧好，等老婆回家，然后抱起孩子：宝宝，粑粑给你讲故事，讲个睡王子的故事，睡王子没出息，天天躺家里睡觉，等公主披荆斩棘杀败毒龙前来救他。

有天，正在给孩子讲故事，岳父岳母来了。

看他家里这情形，岳父母大为震惊，对女儿说：孩子，你好像嫁错动物了，哪有大男人三十多岁了，天天宅在家，门也不出靠老婆养活的？这样吧，我们借钱给你，让你老公开个饭馆。这个丢人呢，总得有个限度是不是？

看到岳父母拿出来的钱，年轻人长松一口气，总算有点事业启动资金了。以后一定好好干，把钱和自尊赚回来！

可万万没想到，妻子没有收下钱，因为她感觉太羞耻。

钱退回去后，年轻人在床上哭了几天几夜，他感觉自己完了，真的完了。

悔不听父亲的话，现在只能认清现实，做自己能做的事儿。

可自己能做什么呢？

好像干啥也不行。

[5]

什么也不会，只能从头开始学了。

年轻人报了个电脑进修班，打算学点编程设计什么的。

有一天，他夹着教材，兴冲冲地准备去上课。突然之间，多日不说话的妻子爆发了，跳过来拦在他面前，大吼道：丢你老莫！

年轻人：……啥？为啥要骂我？

妻子：你醒醒吧，睁开眼睛看看现实吧，学电脑的人还少吗？不计其数啊，根本就不缺你一个。你都快成老头了，还跟孩子们争，有希望赢吗？

可是……年轻人哭了：我真的好难，感觉这苦难人生，无能为力呀。

妻子喊道：别忘了你那漫长的付出，做这世上只有你能做的吧。

我到底能做什么？

好像……还是坚持梦想。

[6]

此后若干年，导演李安站在奥斯卡领奖台上，领到了演艺界最高荣誉。

当时他哭成狗，说：感谢老婆，如果不是她，我早就放弃了梦想，学个电脑编程什么的，那么我这一生，就真的成了个"杯具"。

[7]

读了大导演李安的故事，你多半会这样想：人生需要梦想，更需要坚持。那么我就坚持自己的梦，不畏人言，不惧艰难，义无反顾地走下去。

——你这样想，那就错了！

[8]

以前，美国有个蠢孩子，少年读书，迷上了莎士比亚。

他说：我要成为哈姆雷特，必须的！

他说：我的梦想，是住在一家大大的屋子里，地上榻榻米，我留着大胡子，旁边是数不清的和服美女，但我就是高冷，一个美女也不理，只是坐在榻榻米上，静静地煮茶。任由美女们满腹幽怨，我自不动如山，气死美女！

有品位的梦想。

——25年后，蠢孩子回到他的母校，对学友们说：各位亲，在我22岁那年，真的实现了自己的梦想，无人干涉的生活，大胡子，榻榻米，还有许多美女，凡是我曾想象的，应有尽有，什么都不缺。

——就是地方不对劲。

——我梦想实现之所，竟然是一家妓院！

……当我发现自己，竟然是在一家妓院里，当时就惊呆了。

——才知道自己所谓的梦想，不过是颓废堕落的梦呓。

那就放弃！

[9]

蠢孩子说：人性对抗改变。

每个人，说到改变就会痛苦无比，就会愤怒。

但实际上，人是无时不刻在变化之中，从受精卵变成胚胎，从胚胎变成婴儿，从婴儿变成幼儿，从青年到成年，思维观念无日不变。

许多人，不是对抗改变，而是对抗变得更好，并不排斥变得更孬。

——你的梦想也同样！

坚持，坚持改变——坚持让自己的梦想，变得更好。

[10]

这个蠢孩子，名叫史蒂芬·科拜尔，他修正了自己的梦想，不再扯什么大胡子榻榻米，而是与自身的长处相结合。

他成为了全美知名脱口秀主持人。

他说——你需要真正的优质梦想，而非是颓废本能的伪装。

[11]

迷茫的心，源自于劣质的梦想。

什么叫劣质的梦想？

——不是让你变得越来越优秀，而是屈服于颓废意愿的梦呓。

[12]

1897年，美国石油大王洛克菲勒，在写给儿子的信中，讲了个鸡汤故事：

三个人正在雕刻石像，好奇的旁观者走过去，问：你们在做什么？

第一个人回答：我在凿石头，最乏味的工作，如果还有别的可能，我一定不会干这个——洛克菲勒说：这种人，视美好的人生为惩罚，所以他们的心中，时刻感受到的，只有一个累字。

第二个人回答：我在赚钱养家，我有老婆有孩子，如果我不努力工作，她们就会挨饿——洛克菲勒说，这种人，视人生为负担，他们最常说的是责任、艰难、不容易与养家糊口。

第三个人放下凿子，骄傲地说：先生，你有看到吗？我在制造一件精美的艺术品！

——洛克菲勒告诫儿子：这座雕像，就是我们的人生，

如果你喜欢自己，人生就是天堂。如果你不喜欢自己，人生就是地狱。

人生是块混沌未开的石块，你困惑，是因为舍不得凿掉多余的残缺，还没有凿出优秀的自己。

优质的梦想，就是于混沌之中，将优秀的自我勾勒出来。

梦想的价值——不在于让我们获得什么，而在于让我们成为什么。

[14]

优质的梦想，是高于生活的。

举凡被庸俗生活所辗碎的梦想，多半是质量低劣，抗压不足。

——李安的梦想，之所以没有被生活辗碎，那是因为妻子作为旁观者，敏锐地发现丈夫虽然成为资深宅男，但梦想却让他越来越优秀。优秀者总有更多可能获得机会，所以李安七年不鸣，一鸣惊人。

——美国脱口秀名家的梦想，之所以及时放弃，是因为他终于意识到，这个梦想只是颓废生活表象，让他沦落到不堪的环境中，却不可能让他获得优秀的秉质。所以他及时给梦想升级换代，才保住了自己的人生。

——洛克菲勒则从人性的认知视角，为我们剖析了梦想的境界：最有价值的梦想，就是做真实的自己。就是从顽固如石的缺陷中，看到优秀的自己。

[15]

梦想，是让人此生无悔的。

——无论你的梦想是什么，是否还在坚持。这个梦想一定会让你质问自己，你的今天，比昨天更优秀了吗？是否享受了颠覆三观的刺激？是否拓宽了自我认知的边界？

——梦想一定会赋予你一种真诚的力量，让你不舍错过身边的每个人，从长者身上领悟智慧，从少者身上找回纯真，从喜欢的人心里找到快乐，从讨厌的人身上，学习减少蠢行。

——梦想一定会赋予你生活的乐趣，让你不忍错过每一刻欢笑的时光，于闲适中享受安宁，于繁忙中享受动感，让所见廓开视野，让所思打开心扉。

——梦想一定会给你这样的冲动，一生总是要做点好玩的事儿，让三五个人，因为你而变得生命美好。哪怕只影响到一个人，都会让你体验到生命的真谛。

人如果没有梦想，和咸鱼有什么区别？

梦想不会死，只是被疲惫的尘灰，逐渐埋没。

梦想与现实的距离，不过是真实的自我，与现有状态的差距。

失去梦想之人，生命犹如彼岸之花，花开无叶，叶生无花，终生相随，不得相见。长夜如年，聚散风烟，你是自己生命中最美的红颜。远行千里，莫如回归本心，与最好的自己，相会于水云之间。再也没有空茫迷乱，只有生命的自由欢歌，浅淡悠然。

明天又会是晴朗的一天

母亲出生在民国，如果不是毕业于教会学校的外婆坚持，她那时候的大家闺秀还要裹小脚。

凡是学过中学历史的人都会了解，80年的时光里有过什么样的时代，又有过怎样惊心动魄地变迁。我的母亲历经了大风大浪的80年，特殊的出身，家族的传承，旧时的私塾，现代的教育，新时代曾经的荒唐蹉跎，让她的80年不可能平静，不可能没有故事，或许正因为如此的家庭背景，她经历得会更多，看到的真相会更残酷。可我从小到大从母亲身上看到的那些时代，是什么样子呢？

她珍藏着外婆巧夺天工的绣裙、绣鞋，还有香囊，钗环等物，样样都闪烁着一个时代的美好和智慧。她和男孩一样少小离家读书，又在另一个时代里拥有了和男人一样的天地，客厅里挂着她一副染色的彩色照片，是50年代大学生令人惊艳的风华正茂。她随着单位在全国迁徙，我们兄妹三个出生在不同的地方，母亲说是江西大山里的野蘑菇和山泉水，把我养成了出生就十斤重的大宝宝，以至于我心心念念要去她工作生活过的地方看一看，重温母亲回忆里那个时代。

在紧俏点的商品都要凭票和排队的时候，我记忆里却是俞丽拿、刘诗昆、理查德克莱德曼、李谷一、蒋大为等各种音乐会和演出。母亲说："时代越来越好，你现在认识世界的方式又多了一种，那就是音乐。"那是我第一次听母亲提及"时代"两个字，充满了幸福是因为她觉得她的孩子会因此受益，这是她要做好的一件事。我们小时候从来不捉蝴蝶，因为梁山伯和祝英台在《梁祝》里化蝶。母亲说："守护孩子的纯真和梦想，是我们这些拥有更多的大人应该办的事。"

她和父亲相守50，工作兢兢业业，精心养育了三个子女，我们每个人都健康快乐地长大，又将父母做给我们看的事情，做给我们的孩子看。母亲说："你外婆说，旧社会的女人只要做好一件事，就是相夫教子，而我除了这件事还要再多做一件，就是新社会给了女人机会能和男人一样学有所用。"于是她在自己同样多变的时代里，一成不变做着这两件事，让我在她身上看到的，全是每个时代的精彩和快乐。

我的外婆和母亲，一生在时代里辗转，从未言苦更不言伤，她们一生过得坚韧又骄傲，满足又幸福，不是因为征服了什么时代，而是在时代里找到了最适合自己的生活方式。她们不是什么天才，只是明白自己需要做什么事情，就要一门心思去做，其他的都当不存在，任何事物都阻挡不了她们的脚步。所以，在我问起母亲那些时代的痛处时，她只说："都过去了。"当我因为自身的困境痛哭流涕时，她只说："这，也会过去。"

"在自己身上克服这个时代"——这句话是尼采说的。我的外婆看过他的书，然后她和母亲把这句话用最生活化的简单方式，拆分在自己的时代里，一天天做好，又一天天坚持，终于克服了自己，也就克服了她们那些时代的动荡、残酷和荒凉。又用身教的方式让我们努力克服自己，以便克服我们这个时代的浮躁、功利和不公，克服它曾经让我们万丈豪情，又一盆冰水浇到我们心生绝望的无情和任性。

没有什么成功的人生，每个人都会有困境有委屈有遗憾，但是有能做成功的事情，一件或是两件，如果你也肯如此努力地去克服，那你也能获得成功。那些所谓的心灵鸡汤，我有时候也会找来看，充满诚意的文字是有力量的，我认识世界的方式一直是：爱、文字、音乐、旅行和痛苦。

你不要去迎合一个时代，那样你只会身不由己，你不要去改变一个时代，那样你只会遍体鳞伤，你不要去抱怨一个时代，那样只会暴露你真实的智商堪忧。时代是任何人都无法征服和逃避的，你唯有在自己身上找出一种恰当的生活方式，先克服了你自己，你才能克服这个时代里的种种不公。你心向阳，就看不到阴影，你偶尔低头，那是你在思考。

你要问姐相不相信这个时代，姐会回答你："姐还是更相信自己，越努力越幸运，越美丽越安全。"当我们克服了自身的懒惰和畏惧，也就看轻了这个时代的功利和虚伪。当我们克服了情感的空虚和浅薄，也就接受了这个时代的善变和薄凉。

如果你也无路可退，那就和姐一样，选择相信自己并且克服自己。别跟姐说痛，姐都痛过了，所以才能写出那么多的字，以便和你共勉。姐也没有鸡血，姐只有下午茶，以便和你共享。

别频频回头，去过自己的生活

你要做一个不动声色的大人了。不准情绪化，不准偷偷想念，不准回头看，去过自己另外的生活。

——村上春树

在《新世相》里看到村上春树的这句话，不是简单的喜欢，而是太符合自己当下的一个状态。从入冬开始，就期盼一场漫天大雪。湮灭过去，也湮灭回忆。后来雪终于下了，整个小城变成一幅水墨画，我沿着长长的河堤，看天地间一片银白世界，那一天，我入了画……

踏着雪没走回到过去，反而越走越远，白发苍苍……

我们都没有长大，只是被岁月逼得苍老了，2016，你们都还好吗？

立春之后，风开始柔和起来，绵绵细雨打湿了二月的锋芒，窗下托腮的人眼里有几分茫然，陌上老草生嫩芽，唇上桃花，一句诗在心中酝酿，含苞待放。

老九订婚了，秀出美丽的婚戒。她说，跟他在一起，很平淡，很寻常，不讨厌，跟我们过日子的人不一定爱得死去活来，只要不讨厌，不反感。虽然说得很现实很残忍，但这或许就是大多数人的事实吧！老九的这段话像是心洞大开之后的释然，但也仿佛对无奈现实的妥协，不管怎样，回归生活的女子都带着一种叫"踏实"的美。

我们都是善良的女子，心里有座城，城里住着我们理想中的人，总觉得有一天，他会突然出现在自己面前，怦然心动，春暖花开。我们都是肩上有着不可抗拒的责任，容不得任性妄为却也不愿意委屈自己的人，却常常害怕失落、怕失望、怕辜负、怕被伤害……

曾经牵肠挂肚的那个人，在那个瞬间，乱了我们的心，心存好感，心生了向往，又如何，我们身处在这个竞争激烈的社会，选择太多，情意凉薄，或许我们还年轻，抵不过周围人给的压力。爱情是两个人的事，婚姻却是一大帮人的事。走过的路，说过的话，都会被时光淹没，人都要朝前走，走着走着柳暗花明，走着走着春暖花开。

明华的小宝宝出生了，真好，为她高兴！

那天在公司无意间遇到高中同学，她抱着小儿子拉着大女儿和我说话，愣了半天后才想起来她高中时候的样子，她说：你比以前瘦了。是啊，花开花谢里很多年已经过去了，我不再是那个小脸肥嘟嘟的女生，瘦了很多，已不再年轻！

长大了，想得更多了。新年过后很多人开始离开家乡去远方漂泊，而回到小城的我也免不了要被工作约束，很少写字，常看的不再是散文，而是专业书籍，我不确定这所有的所有的选择是对还是错，但只能硬着头皮往前走，人生啊，无奈的何止这些！

最喜相聚伤别离，每一次离家无论远近，都不喜被人送。这条路从土路走到柏油路，它见证着这里的改变也随这里改变，立春后的土地是松软的，路两旁是绿油油的麦田，油菜地，电线上的鸟儿，还有那暖暖的风……耳机里传来的是熟悉的歌曲，走着走着我会回头看身后走过的路，弯弯曲曲的尽头是安静的村庄，还有沉默的土地和夕阳，夕阳的光让心底柔柔的，我的心里也一直有一幅画面：夕阳西下，一条路，一个人，她不急不躁慢慢走……

在刚离开北京不到一个月的时候，海风哥去北京创业了，一直觉得他是一个有梦想的孩子，敢于去做心中所想，他鼓励我再去北京，可是我没有勇气！三月份他的签售会就开始了，可惜我不在北京，只能为他祝福了！

有些时候我们可以不甘心，但是不能不认命，是女子，唯命是从！

曾经我不喜欢北京，可是后来这座城市却深深地住进了心里。有些时候我宁愿忙得充实也不愿意闲散地过日子，也许这就是我喜欢北京的原因吧！

这里的春天没有很多花，看不到很多白玉兰、二月兰，找不到几棵发芽的银杏，海棠花樱花更是无处可觅，可怜天为谁春？我坐在人堆里，听他们话家常，牵挂北上的线，想念南下的她，从此，我被留下，留在小城了……唯有那一缕风还在吹呀吹呀……

岁月如此荒唐，任谁能够无恙，你我时光各薄凉！

2016，27岁，爱情渐行渐远，但这世界依然值得去爱，不敢奢望太多，只希望清水池塘处处蛙，房前屋后开满花！2016，以"生活"为主题，"不准情绪化，不准偷偷想念，不准回头看，去过自己另外的生活"！

你都不去做，凭什么说害怕

在诸多祝福与计划中，我最喜欢"别担心"这三个字，它温暖却有力，看上去容易做起来很难，而一旦做到，你就可以成为自己喜欢的样子——活在当下。

我经常告诫自己不要担心，因为你所担心的一切都会发生。心想事成这件事，在中彩票上灵验的时候少，在担心自己生病、失业、失恋方面，灵验的时候多。

担心是人类负面情绪之首，它击碎了当下的岁月静好，透支了明天的动荡不安。容易担心的人，往往很少主动去改变、去争取，而是将自己交给命运，并且从不自信可以拥有好运。

我妈就是一个特别喜欢担心的人，家人只要晚回去一会儿，她就胡思乱想，担心被车撞了、担心被打劫、担心孩子掉到人工湖里。

她一度让我觉得特别压抑，放学就急忙往家赶，害怕她担心。

原生家庭所有负面情绪都会传承，我曾经也喜欢瞎担心。初中学地理，发现我所在的城市处于一个地震带上，晚上担心得睡不着。跟我同桌念叨如果地震了可怎么办，我同桌说："死呗，别人都死了，你活着有啥意思。"

我很喜欢这个同桌，因为他跟我完全相反，从来不担心什么。

他学习没我好，家境没我好，初三的时候，父亲得了胃癌，但他就是什么都不担心，活得像野草一样快乐。

成年后，我一直努力改变自己的敏感与过度思虑。发现担心分为两种，有用的担心与没用的担心。前者基于理智的判断，后者是因为缺乏安全感，害怕未来的不确定性。

当你产生担心这种负面情绪时，先分析它是有用的担心还是没用的担心。

有用的担心，是那些你意识到了风险与危险后，可以马上着手解决的。担心经济下滑，赶紧努力赚钱、现金为王、学理财；担心身体出状况，立刻去最好的医院做全身体检；担心与伴侣的关系，立刻着手修复；担心失业，立刻去充电，提升个人品牌。有用的担心是良性的，促使你行动，并且随着你的行动而消失。

那些与意外有关的、你无力解决的，都是无用的担心。

如果你的行动力很差，有用的担心就会转换成无用的担心。任何一种担心，如果你现在没有能力立刻用行动去解决，它就会成为阻碍你快乐与幸运的巨石。

其次，不断提醒自己，不要担心，因为你所担心的一切都会发生。心理学上有种心理暗示叫"孕妇效应"，当女人怀孕，会觉得街上的孕妇特别多。

担心也是一种心理暗示，当你对某件事重复担心却又没有用行动解决或者无法用行动解决时，你所担心的坏结果就会到来。

经常有人说，我知道这样不好，就是改不了，我只能说那是你对自己不够狠。当发现自己陷于无用的担心，我选择立刻行动起来，要么去解决，要么用其他事情分散注意力，不给自己胡思乱想的机会。

喜欢担心的人，都是悲观软弱的，过于相信命运，而不愿意磨炼自己的意志与力量。

命运这东西，当然多少要信一点，但命运一定不是全部。一个人，如果能把自己可以掌控的那部分人生尽力过得意气风发、无怨无悔，不断进取、努力，那么不管意外与明天哪一个更先到来，他都能比大多数人过得好。

我们努力，并不是为了对抗命运，而是不断试探命运留给我们的空间究竟有多大。这个，如果不努力，你永远猜不到。有时候我甚至觉得命运是个欺软怕硬的小人，当你足够强大，它的地盘就缩小了。

愿你在用行动填满那些过去花在担心上的时间。我们无法左右命运的车轮，但必须操控自己的努力。

愿你做一个不担心的人，尤其不要害怕失败。只有不做，才不会失败。如果连失败的机会都没有，人与咸鱼又有什么区别？

愿你不担心，更努力。

任何时候都别丢了你自己

我大学时候宿舍一姐们儿跟我说：我妈这辈子没什么大出息，就因为我爸对她太好了，她太幸福了。在这个姐们儿跟我说完此话三年之后，她的父亲不幸去世了。这个世界总是在和女人开各种各样的残忍的玩笑，以上的事例完全可以证明这一点。

女人的天性注定了在感情里的弱势……如果生下来染色体没有异常，还是一个"女"的属性，那么如果仅仅是凭着感性去走，注定要去寻求一份"安全感"，这个安全感，大多数是要靠男人给的。一个安全的家，一份安全的感情，一个安全的未来，比什么养老保险失业保险有安全感多了。然后守着这份安全感，老，然后死。——这已然是众多女性最幸福的结局了，然而有几个男人肯给她们这样的结局？呵呵呵呵呵呵呵呵呵呵了！

大学姐们儿父母的事儿对我的震撼其实非常大。当时甚至怕自己就如同她母亲一样一辈子被关爱然后被上帝无情地褫夺一切……

巧在彼时我的男朋友正在从对我很好不可抑制地转向对我很一般……我拿此事激励自己——这没准是上天对我的恩赐呢。

事实证明，是的。伤害就是一种恩赐，这不是鸡汤，这是"赤果果"的事实。

其实我是个很敏感的人，外表越咧的人，内心往往越敏感。这和装蒜一个道理，内里越草包的人，外表越装蒜——人，真是不矛盾不成活。

正是因为敏感，而且是很贱的那种敏感，所以，对我的一分不好，会被我扩大到十分，然后委屈得不行。但时间长了你会发现，其实他对你没有什么不好，只不过是你的期待太好了，那么人家做的一切，在你眼中都是不及格的。更别说，如果他做的本来就不及格，那么就该是天诛地灭断子绝孙的。

正如我一直说的，一旦自己的幸福寄托在别人对你是Ａ还是ＢＣＤ上面，人生，就再也没有幸福可言。因为不会有人永远是Ａ，而且活得比你长，而且只对你是Ａ，对别人都是ＢＣＤ。

一旦把自己的所有希望寄托在别人身上，别管这个人是干爹还是老公还是儿子，那么，就一辈子是别人的奴，不会是自己的王。

说到女王，不得不提朱莉的电影《沉睡魔咒》，魔咒上映的时候太忙，没来得及去看，这会子才想起来只好在家里下个枪版的凑合着就着泡面看。

即使在渣渣画质的折磨下，我的女王都美爆了。剧情不再是老套的王子公主玛丽苏爱情，变成了女王复仇记。

哦，我是多么爱"复仇"这两个字。我想每个敏感又牛的女人都爱这两个字，比如香奈儿女士就说过：我爱黑色，因为黑色可以毁灭一切。每个女王，都曾经有一颗复仇的心，而复仇的心，多半是因为年轻时太敏感的心受过暴力伤害形成了永不消弭的伤疤吧。

女王被王子割去了翅膀，恶狠狠地去诅咒了王子的女儿，"唯有真爱之吻"才能唤醒公主，而女王早就知道，这世界上的一切真爱都是扯犊子！

每个女王都相信过真爱，然后发现"相信真爱"是世界上最愚蠢的事情，没有之一！

因为相信真爱，女王被割去了翅膀，因为相信真爱，我们身边的姑娘一次又一次地抹着眼泪自疗心伤，因为相信真爱，我们一次次地期待一次次地失望……

女王和女仆的区别是，女王醒悟了，而女仆没有。

复仇只是手段，而女王复仇的结果必然一定肯定是：女王释然了，这世界没有什么真爱值得付出，值得付出的只有心的自由。不被爱，亦不被仇恨左右的心智的自由。这才是真正的幸福。这才是女王之所以为女王的意义所在。所以女王的翅膀回来了，转了一圈，她找回了本心，她再不需要复仇，她需要的是做自己，爱自己，顺便爱一下值得爱的人而已。当然了，这不代表她想复仇的时候没有能力复仇，分分钟灭掉你，仍然是女王必备的技能之一。

——所以，女王从来都是和自己过日子的，即使她身边有形形色色的男伴，即使她嫁为人妇，然而每一个王者的心是不会有男人可以100%理解的，因而女王总是孤独的，然而孤独是美的，孤独会让女王更了解自己，更爱自己，也让爱她的人，更爱她。

朋友不用贪多，走心就好

朋友分为三种，一种是远的，一种近的，还有一种是不远不近的。

远的朋友是用来怀念的。那份古早的友谊或深或浅，在时间的长河里最恰好的某一处，径直被放进了保鲜冷库妥善保存，平日里不摸不碰不见光，可每每打开回忆的门缝儿瞧一眼，永远都是那样飘着仙气儿般明艳照人。

近的朋友是用来依靠的。不一定非要真的提供什么物质帮助，可就是能这么实实在在地参与着你的人生。只要遇到什么事情，无论大小，你总能最先想到这帮人。他们会陪着你大半夜一起打电话痛骂渣男绿茶婊，他们会逢年过节记着去你家给叔叔阿姨送点年货，他们会在你囊中羞涩的时候不等你开口就给你发个红包，附上一句贱贱的"还不领赏谢恩"，他们更会在自己遇到困难麻烦的时候毫不客气地扯着你的大腿"求包养，会暖床"。你得志了可以尽情地跟他们得瑟，等着他们夹枪带棒地损你一下，然后一起乐哈哈地去胡吃海喝庆祝一番。你失意了也可以纵情地对他们大哭，听着他们苦口婆心语重心长地数落你当初不听劝，然后咬牙切齿地陪着你从残酷社会骂到冷暖人间。这样的朋友不用你去刻意描绘什么友情，涂脂抹粉装腔作势感恩戴德只会换来他们的一个白眼，外加一句"矫情"。

还有一种是不远不近的朋友。你说他们远，可他们就活生生地存在于你的朋友圈通讯录，每天你刷的动态他发的照片彼此都明晃晃地入了眼。可你说他们近，微信私聊里却从来没有他们的身影，一旦出现，不是求你投票，就在找你借钱。逢年过节的时候他们会给你群发一个恭喜发财，你说你是该回还是不回？这类的朋友大都与你有过那么或长或短的一段渊源，可能是曾经的同窗，可能是考研的战友，可能是初到一个地方一起AA制聚餐打牙祭的饭友，还可能是一道去了说走就走的旅行的驴友。你说你跟他们熟，算是吧，起码彼此的履历都略知一二，你也听过他们曾经添油加醋的某些过往。你说你跟他们不熟，也确实，因为你所知道的关于他们的一切，都是自他们自己口中说出来的，而不是与你一同经历的，而你与他们仅有的那么一小段共同经历，又没能像第一种远的朋友那样自带光环羽化成仙，就这么沾了地气地留在那里。鸡汤总是劝我们过去的回忆应该珍惜，是该珍惜，所以你结婚他给你包两百，回头你记在账本上等他儿子满月还回去。

只是这样也就罢了，偏偏这里头还混着一类人，就不爱见人好的。你发点什么美食自拍之类的从不见他们点赞，可一旦你发一条负能量的抱怨，马上就摆出一副邻家大妈的姿态问一句，"怎么啦？"就等着你把自己的不开心说出来，让他们开心开心呢。也许你会觉得，他们兴许是真的关心你呢，那为什么你遇上好事发开心的状态的时候没见他们关心你呢？

就在前几天，一个妹子愤怒地跑来找老商，告诉老商一个奇葩的事。

妹子长得不错，但是素颜和妆后差异略大，也就是那种平时灰头土脸累成狗，但是一出去玩就光鲜亮丽特上镜的姑娘。前些日子她年假出去玩，自然是一路自拍，然后挑几张好看的发发朋友圈。朋友圈那么多人，有的点赞有的无视，妹子也没有真的在意。其实大部分人都一样，发了自己的照片上去也不过就是靠着自己臭美缓解一下平时工作的压力，只要不刷屏不吓人，大家看了没看也就那么回事儿。可是偏偏有人就看不过眼，就在妹纸加入的一个驴友群里，学着妹纸的姿势也拍一张，并附上妹子原图外加一句话，"向网红看齐"。这还不算完，下面还有别的人添油加醋，"你这表情不对，要嘴唇微张，眼神迷离……"妹子一气之下退了群，删了好友，照片也都删掉，跑来找老商哭诉。

也许你会觉得妹子这样太玻璃心，何必为了这么一件小事就失去了几个朋友。确实不是什么大事，可能人家也只是无心地开个玩笑，毕竟现在社会嘈杂人心浮躁，总得有个发泄口释放一下嘲讽技能，不然弹幕吐槽何以如此盛行。可是问题就在于，这样的朋友留着究竟意义何在？除了不远不近地在那里偶尔秀一下存在感之外，还能做什么？老话总说多个朋友多条路，可这样的人，你能指望他在紧要关头给你提供一条什么路，你怎么确定不是要你留下买路财的死胡同？

都说现在是个熟人社会，见面就是朋友，大家都盼着能多给自己留条门路。可是我们真的需要那么多不远不近的朋友么？人情是债，出来混迟早要还。走肾的是炮友，走胃的是酒肉之友，而朋友却要走心，是要彼此心心相印有回响的。

高山流水君子之交那种朋友太高雅，合纵连横相爱相杀那种朋友留给古装剧。咱们都是普通人，朋友不用贪多，走心就好。

你又不是为了他人而在努力

当这些事情完成之后，所有的纷乱尘埃落定，我长呼一口气。咨客还没有到，门也没有开，我站在工作室门前耐心又安心地等待着。我有几分钟安静思考的时间，想到的是：我工作真是努力和辛苦啊！我沉溺于那片刻的自我陶醉中，可脑中另一个声音想起：你放屁，你哪里是努力，你分明是愚蠢和无能！如果不是你忘记提前电话预约，他们怎么会关门，你又怎么会如此狼狈？

如果那天我早一点起床，然后打电话预约场地和时间，我就不会在匆忙中赶到工作室，然后遇到这一系列的麻烦。我所谓的努力和辛苦其实是完全可以避免的，只要我事先打一个电话就行了。

我所谓的"努力"，只是因为我自己做事情缺乏条理而导致的一系列的溃败后采取的补救措施而已，这有什么值得自我感动和肯定的呢？

我意识到这是我过去生活中诸多事情的一个缩影：我误以为那些使自己遭受了一些痛苦但对结果没有帮助的行为就是"努力"。这于我而言真是一个巨大的顿悟，让我忽然明白了许多之前无法想通的事情。

几个月前有一个编辑向我约稿，那是一套青少年丛书的序言，有8本书要写8篇序言。写作之前我们简单沟通了下写作的方向，即多多挖掘主人公身上的美好品质。3个多月后，我将自己辛苦工作后的成果8篇序言发给编辑。他读过之后，觉得书评的质量和选取的视角等方面离他的要求还有距离，发给我几篇序言做参考，提出了修改意见。因为对方提出的修改意见不够具体，我评估之后，感觉要修改的地方有很多。而且稿费支付、图书出版等时间难以确定，我无法接受。于是，我决定终止写序言的工作，8篇稿子作废，之前所有的辛苦全部付之流水。

当时我想，为什么我这么"努力"，结果却如此不好？后来我想明白了，是我自己的问题。当编辑和我说"要写几篇很好的序言""要挖掘主人公身上的美好品质"时，我没有进行具体化的沟通，没有进一步询问对方"如何才能算是好序言""主人公身上的哪些品质可以深入挖掘"。如果我提前进行了更具体的沟通，对方就会在我动笔写作前，将他觉得达到自己要求的好序言发给我做参考，而不是在我写完之后。如果我在完成第一篇序言时就发稿子给对方审阅，那我就能够及时知道自己在工作上的问题，也不会将问题进一步扩大，导致后面无力解决。

这两件事都让我看到我是多么把自己的愚蠢、无知、无意义无价值的消耗当成所谓的努力。

其实发生在我身上的事情并不是特例。

有个网友曾发微博私信问我：为什么我这么努力，总是经历一次又一次的失败？我四级考了两次都没有通过，这次第三次考试的结果出来了，还是没有通过。我之前考一个会计上岗证也是这样，我每天很努力但却没有多大提高。我这么努力，为什么就不能有收获？我问他：你怎么努力的？他说：别人在玩的时候，我天天在自习室里学习，每天早出晚归。

我觉得他说的事情很诡异，明显违背因果律，跑到他的微博上浏览一番，很快就找到了答案。他的前一条微博说：我来到自习室学习啦！接下来的每一个时段，他都转发了各种搞笑的段子和一些其他微博。我想起他还经常到我微博上点赞和留言。于是，我脑中浮现的画面就是：他一天在自习室的学习其实都是拿着手机在刷朋友圈刷微博，在点赞和转发。这种他所谓的努力，其实只是看起来很努力而已，并没有真正努力到点子上。

我最近收到了另一封邮件："我是一个每天都很忙很忙的人，因为我觉得自己有好多事情要做，想珍惜每分每秒充实自己，大学期间，不逃课，课余时间去图书馆看书，或者去做兼职，很少和朋友出去玩，大家觉得去娱乐场所很有趣，我就会感到非常无聊，倍感压抑，觉得这就是浪费时间。而我呢，整天脑袋昏昏沉沉，读书也读不进去，听课也听不进去……只有我知道根本原因，就是我压根就没学进去……老师同学觉得我是个非常刻苦的好学生，而只有自己才知道我就是个伪好学生……考研复习期间也是心情压抑，一点都学不进去，整半天是自己骗自己玩呢。"

这让我想起一个朋友，他在一家单位上着班，同时自己正在创业，做一家小型软件公司。他一天到晚非常忙碌，每次朋友聚会，总见他在不停地打电话，接电话。他觉得自己在职场上很努力很拼搏，而我们这群熟悉他的朋友则将他的这种努力命名为"瞎搞"。他生活中非常典型的事件是这样的：跟客户见面开会，谈论软件开发的需求，由于开会之前他没有看客户发来的资料，再加上在开会时没有认真听取客户的意见，理解客户的需要。回去之后，他让手下员工做出来的产品离客户的需要差距很大。然后，客户进行投诉，他这边厢骂员工，那边厢给客户道歉，要求宽限项目周期……他的生活总是如此循环反复。他的创业公司刚开始拥有的客户还很多，现在一个又一个的客户都不再与他合作了。

最近听说他短短一个月搬家三次，还因为很小的事情跟某个装修公司打起了官司。我问一个朋友：他不是很忙吗？怎么还有时间折腾这些啊？朋友回答：有的人因为自身无能，所以要折腾出很多的事情让自己去忙碌，用来增加自己那可怜的自我价值感，同时得以忘记和逃避自己的无能。

这回答真是太犀利了！

我想起了自己学习英语的事情。有一天我在家收拾床头的橱柜，发现了好几本笔记本，每一本里都记满了英语单词、短句还有语法知识，笔记记得整洁又认真，接着我想起自己曾经还记过类似的几大本有关英语学习的笔记，然后我整个人就不好了……为什么我这么努力记笔记，却学习不好英语？带着这样的疑问我继续走在学习英语的这条不归路上。

一天晚上，我在背雅思英语单词，男朋友忽然和我说：别背了，你根本就没有用心学，在自欺欺人罢了！这句话像电流一样穿过我的全身，也让我瞬间找到了"为什么我这么努力，却学习不好英语"的答案。其实我也不是真的很努力，我只是一个劲地做英语学习的笔记，但从来都不会翻看自己做过的笔记；我听各种各样的听力材料，但从来不会重复听一个材料三遍以上；我背诵单词，但总是三天打鱼两天晒网……我所谓的努力学习其实只是为了告诉自己和别人：你看，我有在努力呢！

在我们身边，总有一些笔记做得非常认真，但是学习效果并不理想的人；总有一些在图书馆"努力"学习了一天又一天，但是该不通过的论文和考试还是不通过的人；总有经常出入健身房，但是一点锻炼结果都没有展现的人……并不是他们太笨，而是因为他们的努力并不是真正的努力，他们要么没有选择在正确的方向上坚持行动，要么只是看起来努力，采用无效的努力方式，没有做到专注和用心。比如，看起来那么早去自习的人，却只是拿着手机点了无数个赞；看起来在图书馆坐了一天，却真的只是坐了一天用手机看玄幻小说……他们同我一样，把自己的愚蠢，自欺欺人，无意义无价值的消耗当成了努力。

看到有些人夸耀自己的努力拼搏，什么天天只呆图书馆，熬夜看书到天亮，多久没有放假休息……其实如此痛苦的努力并不值得夸耀，而是需要严肃地审视。那些所谓的艰苦努力，是否是你的愚蠢，你的自欺欺人，你的无意义无价值的自我消耗？这是我们教育的误区，以为时间的投入必然带来成功，我们鼓吹艰苦奋斗，提倡的努力模式也是"今天痛苦，明天就幸福"，什么"十年寒窗苦"、"吃得苦中苦，方为人上人"、"学海无涯苦作舟"、"梅花香自苦寒来"……但是如果没有在正确的方向上，以有效的方式努力，那所有的吃苦就是浪费时间浪费生命。

那些真正努力的人，也许并没有这么勤奋，也不用过得那么痛苦，因为他们并不期待短期努力即刻就有巨大的回报。他们选择了一个正确的方向，以专注和热情持续地浇灌，以一种正确的，智慧的方式缓慢但平和地前进着，他们可以一边努力着一边享受着当下的生活。他们所有的努力，都不是给别人看的，而是为了自己内心真正的追求。而这些有价值的努力，也一点一滴真正到达了他们的内心，变成了他们真正的能力。

别因为他人
而降低了自己的标准

[1]

简·奥斯汀的小说《爱玛》里,哈丽特问爱玛:"你为何不结婚?你如此天生丽质。"

爱玛说:"告诉你吧,我连结婚的想法都没有。我衣食无忧,生活充实,既然爱情未到,我又何必改变现在的状态呢。不用替我担心,哈丽特,因为我会成为一个富有的老姑娘,只有穷困潦倒的老姑娘,才会成为大家的笑柄。"

简直为之倾倒,姑娘又霸气又自信,根本无需靠男人证明自己的价值,她选择结婚的理由只有一个:我喜欢。

这在当时是一种很超前的思想,但放在21世纪的当下,已经越来越多的姑娘走上了和爱玛一样的路:低质量的婚姻不如高质量的单身。

所以,越来越多的女孩不愿结婚。哦,千万别以为,她们不相信爱情,只是她们有资本活得很自由,所以对待爱情和婚姻,有了更高的要求。

我有个朋友说:我一个人过得挺好,面包我有了,凭什么找一个给不起我爱情,还想来分我面包的人。

她单身了很多年,如今30岁,有房有车,仍然不想结婚,她自己觉得无所谓,但是爸妈很着急。于是她见了一波又一波的相亲对象。

其中有一个和她算是老同学,又是亲戚介绍的,她不想怠慢。所以,约见的那一天，她郑重其事地化了妆，穿了得体的衣服，背上包包来到那人定好的餐厅。

吃饭的过程，还算顺利，因为是老同学，很多年没见，所以彼此聊聊中学时代的事情，时间过得很快。

吃完饭后，两个人AA结了账，说有空再约。

[2]

没过几天，朋友接到了亲戚的电话，那个亲戚对她说：多好一个男孩子啊，知根知底，又是同学，你怎么不好好把握机会呢。你为什么要点很贵的菜，还穿那么好的衣服，让人家以为你是个不懂持家的女孩。

朋友听得一头雾水，后来才知道，当亲戚问起相亲结果时，那男孩说：我觉得她太爱慕虚荣了，又是化妆，又是一身大牌，点菜只挑贵的点，完全不懂勤俭持家，这样的女孩根本不适合结婚。

朋友听亲戚这么一说，反而释怀了，幸好没成，不然太糟心了。

她化妆，是出于礼貌，穿的衣服是自己惯常穿的牌子，包包只是随手拿了一个和衣服比较搭的，至于点菜，她点的也是合自己口味的，只不过她没按照他想象中那样，一切都按最便宜的来。

她只是按照自己的标配去生活，但是落入别人眼中，便成了败家。

可是，她花自己的钱，买自己喜欢的衣服，吃自己喜欢的美食，没毛病吧。

其实，不是女孩子太败家，而是她过的生活，她自己给得起，而你给不起。那又何必怨别人爱慕虚荣，而不反思自己胸怀欠佳，实力欠缺呢。

像朋友和这个相亲对象，说白了，其实就是消费水平和消费观都不在一个层次上，那么好聚好散就好了啊，真的没必要去数落女孩子，不仅暴露自己胸怀全无，也证明了自己物质底气确有不足。

[3]

　　抛却物质本身不说,我也始终搞不懂一些人的观念,比如:结婚就是一起省钱,要为了这个家庭,一而再,再而三地降低自己的生活水准。美其名曰:勤俭持家。

　　在我看来,真正的会持家,就是结了婚,一起挣钱,两个人叠加出高质量生活。而不是你过得省一点,我过得差一点,最后越过越穷,反而失去了单身时那种朝气和拼劲儿。

　　如果婚姻就是这样子的负面效应和廉价心态,那么要了有何用?

　　女人也好,男人也罢,你可以图对方任何东西,但千万别图他省钱,你不知道,省下的不是钱,而是去赚钱的动力。没钱的时候,应该想着怎么去挣,而不是和尚念经一样,对那个人念叨:你放弃你的高要求,高标准来配合我演一出没有追求的戏吧。

　　时间久了,你会被他拖曳着,越降越低,再也没有翱翔天空的资本。

　　一个家庭,一旦两个人谁都没有了更高的期待,还有什么希望。

　　真正喜欢一个人,不是让她降低姿态,去迁就你的低标准,而是不断努力,拔高自己,和她一起过越来越好的生活。这就是所谓的门当户对,你的努力要配得上她的拼命。

　　很多时候,女孩子并不怕穷本身,怕的是穷的心态,怕的是一直穷下去,还怨怪别人太奢侈。

　　一个永远只求你省,却不想自己去挣的人,还是算了吧,一段只想着让你降低标准,而不敢对自己提高要求的婚姻,不要也罢。

　　要知道,我努力读书,拼命工作,把自己养得很贵,真的不想便宜任何人。

做一个真正强大的女人

[能过好日子，也能忍坏日子]

十多年前我第一次去埃及，因为担心治安，报了旅行团，而旺季房间有限，即便付单房差价也没有更多的空房，我必须和团里另外一位陌生的女游客拼房，由于太想去，我答应了，机场集合时，第一次遇见我的室友。

她比我年长，穿着随意而舒适，妆容清淡，话很少，和气地向我打了招呼，我们登机牌换在一起，落座后，不约而同各拿出一本书：她的是德国著名传记作家路德维希的《埃及艳后》，我的是阿加莎克里斯蒂的《尼罗河上的惨案》，我俩都很惊喜，准备看完后和对方交换。

经历转机到达开罗的酒店，已经是十几个小时后，大家疲惫不堪地拿到房卡，迫不及待回房间休息，可是，打开门，我俩惊呆：客房里堆满各种家具，显然久未使用。

长途奔波遇到意外，我心里无名火起，立刻找导游交涉，导游在前台协调很久没有结果，准备先把他的房间让给我们，他房里是单人床，意味着我们两个陌生女人要在陌生的国家同床共枕盖一床被子，我有点接受障碍，看看室友，她虽然满脸疲惫，却微笑说：

现在看来也没有更好的办法，就这样吧。小姑娘，我睡觉很老实，没有乱翻身打呼噜的坏习惯，能委屈你和我挤一张床睡一晚吗？

我也笑了：荣幸啊。

回到房间，她让我先洗漱，自己整理行李，当我走出浴室，吃了一惊。

房间里弥漫着香薰蜡烛好闻的薰衣草气息，她的行李只占用了一个角落，物品摆放井井有条，处处为我留了空间，床上放着她的丝质睡袍、枕垫和眼罩。

她解释：我出门习惯带自己的睡衣。

然后，她轻手轻脚去洗漱，生怕动静大了惊醒准备入睡的我。

那一晚，我睡得并不踏实，我们俩都努力给对方留空间和被子，也让自己保持心理安全距离。

坦率地说，这次旅行并不顺利，埃及经济落后，当时治安也很一般，我们穿越沙漠到西奈半岛度假由政府军队一路护送游客大巴车队，酒店条件时好时坏，客车也常出状况，餐饮完全不习惯，旅行团里经常抱怨。

每当这时，我的室友就帮导游打圆场：他已经尽力啦，大家出来是看风景和找高兴，旅行本来就是一件有弹性的事情，身体吃点苦，眼睛没吃亏就好。

奇怪的是，她并不凶悍，却自带气场，每次圆场都很有效。

我室友的每件内衣和日用都精致而昂贵，外衣却找不到一个LOGO，可她一点也不娇气，同吃同住12天，总是她在照顾我，在女王神殿给我拍照，在金字塔下帮我背包，出门还会多带一瓶水给我俩做储备。

我也知趣地反馈，分享有意思的埃及历史，著名法老的绯闻、正史和宫斗，一路上我们都乐呵呵，即便吃坏了肚子也自嘲地跟上队伍。

逐渐熟起来，我才知道，她和丈夫一起创立了自己的公司，规模很大，但是后来，丈夫和秘书结了婚，她带着孩子自己过，每年除了亲子旅行，她单独给自己留个假期，埃及就是她特别想去的地方。

她说得很轻松，但我不敢猜想她经历这些的心境，她倒是主动解释：

女人得有弹性，掉在地上才摔不烂。

就像这次旅行，好的坏的都接受，突发的意外都对付着，才能看到你想看的景色啊，世界本来就和我们想象的不一样。

[经得起赞美，扛得住诋毁]

美国脱口秀女王奥普拉对第一夫人米歇尔·奥巴马做了离任采访，1月20日，他们就将离开白宫。

作为第一位黑人第一夫人，米歇尔得到了无数赞誉，比如开创了历史之类，但也受到同样多的攻击：自觉高人一等，丈夫的有色密友，奥巴马的宝妈。甚至，当年胜选时她和丈夫击拳庆贺，都被称作恐怖主义击拳，说她是一个愤怒的黑人女性。

奥普拉问米歇尔，八年来，面对各种攻击，是什么让你坚定立场并找到解决方法？

米歇尔回答：做一个成年人。

她说：我有很好的父母，爱我的丈夫，周围有很多肯定我的人，这些都是有用的，但做个成年人更有用。我并非生下来就是第一夫人，我在各行各业工作，所以不可避免地会和一些人相抵触，感觉情绪受伤，我还会接触到一些睁眼说瞎话的人，这是生活勾绊着你，它们会横跨你的漫漫人生。

从中我会学到如何保护自己，学到如何得到自己真正需要的，摆脱那些一眼就知道是虚假的东西。

米歇尔甚至在白宫和特朗普一家愉快会面，她和特朗普的夫人梅兰妮谈了孩子，以及在白宫可能遇到的问题，就像8年前，亲切的劳拉·布什对她所做的那样。这8年，劳拉的团队也一直在帮助她，而她也做好了准备，会为新总统一家的成功随时提供帮助。

可是,米歇尔从来不认为特朗普是个成熟的政治家,也未必在私人感情上喜欢他,但是,你不喜欢一个人就要灭掉他吗?你不喜欢一件事它就不会发生吗?你对过去懊丧不已它就会重新来过吗?

好像都不行。

所以,成熟的女人会给自己和别人都留下弹性和空间,求同存异,握手言和。

[心不会崩坏,脸才不会崩坏]

这些年,我见过很多别人口中的"女强人",可我丝毫不觉得她们"强",我甚至感到她们的心太紧绷了,丝毫没有弹性,对自己和别人都很苛刻,所以,反映在脸上也是硬邦邦的表情。

有力量的女人,并不是外表凶悍。

就像真正成熟的女人,内心都有弹性。

她们没有"一定"要怎样,从而有了更多选择的可能;没有"坚决"不接纳,从而给了自己更多的游刃有余。

她们不抗拒必须承受的事物,比如:暂时或者长期的误解、无法改变的衰老、逃不掉的忙碌、阶段性甚至永久性的贫穷;或者永远不能出人头地的老公,一辈子都考不上名牌大学而注定平庸的子女。

她们很有弹性地接纳生活和想象不同,理想和现实有差距,努力在力所能及的条件下把自己拾掇得好一点。

因为心没有被崩坏,脸上才能轻松。

就像我在埃及遇到的室友,我一直都记得她和我说过一段才华横溢的话。

我问她婚姻受挫时有没有过不甘心，她想了一会儿回答：

都说人与命运死磕是以卵击石，现实像块冰冷的石头，我们像个不自量力的蛋，死命撞上去，石头好好的，蛋碎了一地。可是，干嘛不把自己煮熟了再碰？最多撞出几道裂痕，明白此路不通，但不会有玉石俱焚的惨烈。

我问她自己条件那么好，有没有嫌弃这次旅行的艰辛，她说：

女人的优越感千万不要摆在脸上，好日子过得，孬日子也过得，一成不变有什么意思？当初接到必须拼房的电话，也挺失望，可愿意一个人到埃及旅行的中国女人并不多，有这么个共同点，和陌生人同睡一房也变得没有那么不能忍。

有弹性，才有惊喜。

那年分开，我送了她《尼罗河上的惨案》，她送了我《埃及艳后》，我们并没有在今后的日子里热络交往，但感谢彼此给予自己不一样的时光。

尤其，她让我理解，真正强大的，是那些像果冻一样Q弹却立得住的女人。

其实你不用戴着面具去生活

[假面吞噬了我]

神要为一个国家选出国王,于是他安排了一场马拉松,先跑到终点的年轻人将折取桂冠。一个年轻人跑不动了,他的影子催促他振作起来,于是他对影子说:"你先跑吧,我稍后追上你。"年轻人一觉睡了很久,等他醒来再抵达终点时,看到影子扮成自己的样子,正被加冕予王冠。他大声叫:"我是国王!"但是人们却对他不理不睬。

几年前,这个梦常把我从凌晨惊醒。

2012年,我在一家出版公司做营销经理,挺受领导器重。2013年,我却突然选择了辞职,去全国旅行,后来开始创业,看似叛逆自由。不管哪一种生活选择,都曾迎来过很多人羡慕的眼光。但很少有人知道,当时的我表面上看起来鲜衣怒马,背后伴随我许多年的却是深深的空虚感。我有很多机会登上舞台接受赞许的目光,得到很多人的认同,身边有很多朋友说爱我,但我总是不快乐,因为我心中深深地恐惧:人们看到的不是我,人们口中认同的不是我,朋友们爱的也不是我,他们看到、认同和爱的都只是我的假面具。我戴上假面,扮演的是一个优秀、独立的女人,一旦我摘掉假面,他们便会嫌恶我、抛弃我。真正的我是不被接纳和爱的。

我从小被姥姥带大,她做事一丝不苟、挑剔严苛,又过分地以自我为中心。似乎在她的标准里，我把一切做得再好都还不够。更糟糕的是，对我的宠爱使她试图在每一个细节上控制我的生活。我的衣服由她挑选，食物由她挑选，甚至朋友也由她挑选。学习成绩好的同学欢迎多交往，学习成绩不好的同学来家里做客就要遭受冷言冷语和白眼。如果她心情不好，我却自顾自地疯玩，就会被指责为不懂事；而当我遇到伤心事回家希望得到安慰，她却忙于自己的事对我不理不睬。那些情景使我觉得自己是一个给别人添麻烦的包袱，羞耻而自责。

所以我很早就学会了乖巧、察言观色、逆来顺受，不给别人添麻烦，也不表达自己的需求。"这孩子特别懂事听话"，常被家人用来向亲戚朋友炫耀。时间长了，我甚至从不知道自己是个有需求、有独立意志的人，似乎长大的只是一副满足长辈需求、讨好周围人的皮囊。

我，从小为自己绘制了一个假面，随着年龄的增长，那假面越来越精巧，无比光鲜靓丽。但在那个面具背后，真实的脸反而显得黯然失色、面目不清。人或多或少都有自己的假面，作为我们在复杂世界中自我保护的方式。可是，如果太迷恋假面，没有勇气面对真实的自己，那假面就逐渐长在了脸上，吞噬了真正的自己。

假面的人生骗得过别人，却骗不过自己的身心。有一次我被领导安排去参加一家媒体的年会，但自己心里其实一点也不想去。我对着镜子慢吞吞地化妆，穿上蓝色带有珍珠装饰的小西装，涂香水。镜子里的人妆容精致，眼神却空洞无物。我对着镜子里的人说："这是你的工作，你能做好，过去的一年里你不是做得挺好吗？"可是到了现场，我却不想和任何人说话。很多人来找我搭讪，换名片。男士西装革履，女士珠光宝气，带着职业的笑容。酒店大厅金碧辉煌，水晶吊灯炫目得让我无法直视。没过一个小时，我就觉得好像要虚脱一样，头晕恶心，然后用最后一点力气，溜出会场到卫生间呕吐。我狼狈地回到家，走进家门的那一刻，身体的不适竟然突然就好了。

那时候我在恋爱中也做同样的傻事。我机械地假扮着一个贤惠女朋友的角色，表面看起来体贴、懂事、包容，内心却积攒了很多未表达的需求和委屈。但是这样的生活始终像是在演话剧，是给别人看的，而不是给自己快乐的。当我因为向往更有趣的生活而心猿意马的时候，当我因为他无法和我交流文学、哲学而失望的时候，我的选择不是沟通，而是自责和压抑。小时候的一幕幕在重演，好像如果你胆敢提出自己的不满就会被抛弃！如果你胆敢表达自己的需求就会被抛弃！内心的声音就这样一直躲在假面背后，直到有一天积累成一个巨大的炮弹，一次性爆发，把对方炸蒙了。

直到分手后很久，当我哭着细数这段关系中的不满时，对方无辜地看着我："当时你从来没有告诉我，你是这样想的啊？"面对他的质问，我哭得更伤心了："好像当时连我自己都不知道我是这样想的。"这就是自欺欺人的代价和结局。

陷入过去，还是面向未来？

那几年我一直停留在对童年伤痛的追忆、对父母的怪罪中，我的一位老师问了我一个问题。对这个问题的思考是我人生态度转变的关键点，从不断追溯过去，转为勇敢构建未来。

这个问题是：如果你现在挨了一闷棍，失忆了，永远无法再知道自己是为什么变成现在的样子的，你还要不要好好地生活，为了未来的幸福而努力？

未来不取决于你的过去，只取决于你的现在。近几年我是以此为宗旨生活的。有人说，精神分析取向的咨询师鼓励的不就是探究过去吗？这是一种误解。精神分析取向的咨询师探究过去，但探究的目的是为了对来访者的人格和人际模式做出大胆的假设，然后在互动中有策略地修复其问题，而不是为了简单粗暴地指出这些问题。就像修理机器，工程师调查这台机器是怎么被使用的，有没有错误操作，以此找到症结，但是找到症结只是他工作的开始，而修好机器才是目的。

[卸掉假面，迎来真实的自己]

2009年，姥姥去世了，而她在去世前已经患抑郁症多年，多次试图自杀。彼时家里一片阴郁，而我因为姥姥去世的打击，陷入持续的心境障碍，每天以泪洗面。我的母亲同样是控制欲很强的女人，仍在控制已经二十多岁的我的生活。我知道，再这样下去我的人生就毁了，凭着最后的意志，我辞掉了在家乡的工作，揣着两千多块钱开始了北漂生涯。

2010年，我在北京慢慢立稳了脚跟，但在人际关系方面仍像一只受惊的小鹿，没法建立亲密关系。我对很多大家习以为常的事情都充满恐惧和羡慕，就像是《机器人总动员》中小机器人瓦力第一次看人类跳交际舞录像时的心情。比如大街上情侣间的温存，其他女生闺蜜之间的亲密无间，人们在大庭广众下的谈笑风生，当时这些事我一样都做不到，但我知道为了我未来的幸福，我要去学习这些事情。我开始参加很多成长小组：箱庭疗法、oh卡牌……一点点学习那些本该在小时候就学会的东西——信任和爱。

2012年开始，我和一群同样关注个人成长的朋友合租了房子。我们的房子被命名为"知行公社"，意取自王阳明的"知行合一"，时刻提醒我们：理想主义者最需要的成长和救赎就是"知行合一"。一起居住的过程有点像个动力学团体，大家在争吵和包容中互相治愈。

直到现在，这群朋友都是我在北京最重要的人际支持体系，帮我完成了童年没有充分得到的"抱持"过程——全然被爱、被信任、被接纳，同时学会全然爱、信任、接纳别人。后来在我创业失败，绝望到几乎抑郁的时候，一个朋友问我："如果从现在开始每个月你一分钱工资都没有，靠朋友们的帮助你能活多久？"我想了想说："至少半年，因为大家会让我睡他们家沙发，给我饭吃。"想到这里，我就一点不害怕了。这样的一个人际支持体系，替代了我缺失的本应来自原生家庭的后盾。

2014年，我做过很多疗愈性的梦。某天，冰冷的夜里，我感到有什么东西横穿过我。它就停在我床右边的空地，看着我，我却不敢看它。许久之后，我感觉头上方的空气中有冷冷的手拂过我的脸颊、太阳穴、额头。冷，却温柔。我突然意识到，那是我的姥姥，一个去世六年的人。我终于敢抬头看她了，望着她。她那样清晰、真实、与黑暗同在，安详地摸着我的脸。我没有犹豫地伸出手臂，向空气中，抱住她，对她说："我爱你，对不起。"没有眼泪，也不需要感谢和原谅。那一刻，我在她的怀中，她也在我的怀中。我终于和姥姥、妈妈和解了，内心不再有声音指责和挑剔自己，面具也随之土崩瓦解。

在花了五年的时间之后，我终于跌跌撞撞地学会了摘掉假面，不再试图做一个完美的人，不再花精力装扮自己的面具，而是勇敢地扬起不美丽但真实的脸向世界含泪微笑。当我在别人的瞳孔中看到倒映的真实自己时，我感到的是终于被自己也被全世界接纳的巨大救赎感。

摘下面具，我发现整个世界都是无比新鲜的，阳光直接打在脸上，让我眩晕地打了个喷嚏。呼吸的畅快，让我有点醉氧。引力也仿佛发生了变化，走起路来感觉用力过猛。但这是真实的阳光，自由的空气，有力量的奔跑，我就这样奔向更广阔的天地，奔向我的未来。

学会不时地取悦下自己

[1]

小时候，我觉得自己长得不够漂亮，也不讨人喜欢。为了避免被嫌弃，我从来不主动跟人交朋友，即便是已有的朋友，也轻易不敢多说一句，生怕一不小心说错话，人家心里会想：这个人又丑又笨，为什么不躲远一点？

有一天，妈妈给我买了一对小玉蝴蝶的发卡，并夸我戴上像公主一样。小孩子的虚荣心是多么容易满足啊，那一刻，我真感觉自己变成了公主，还是国王殿下最小的那一个。

于是，在我戴上小玉蝴蝶发卡的那个下午，我快乐地飞翔在同学们倾慕的眼光中，四处高谈阔论，大家也跟我聊得热火朝天，惊讶于原来我这么有想法。

临近放学，陶醉在幸福中的我忍不住暗自感慨："这个发卡还真有魅力啊，大家竟然都开始喜欢我了。"

就在这时，我的同桌忽然说："哎，你今天戴了漂亮的发卡啊。"话音落下，其他人才围过来发现了发卡。

原来，吸引他们的并不是什么小玉蝴蝶发卡，给我带来好运的也不是什么小玉蝴蝶发卡，真正为我改变境遇的，是一颗由内而外散发快乐的心。

[2]

有一个建筑设计师，总是设计不出令人满意的作品，客户们批评他过于古板，缺乏创意，完全不能给人惊喜。

设计师觉得很委屈，因为他并不是一个不负责任的家伙，相反，他一直是个十足的工作狂，经常加班加点地赶样稿，可老天从来不眷顾他。相反，看看公司里那些年轻人，他们忙于闲聊、聚餐和约会，却经常能拿出令客户拍案叫绝的方案。

久而久之，设计师开始怀疑自己根本就不适合这项工作，于是他去找老板辞职。

他告诉老板，这份工作自己做起来很吃力，恐怕做不下去了。老板却问他："我们公司楼下的花坛里种的是什么花？"

他有点懵，不知道老板问他这个做什么，而且他每天在公司楼下脚步匆匆，并没注意到花坛里种了什么花。

老板叹了口气，又说："要不这样吧，你再坚持一个月，而且，这一个月里，我要求你每天抱你的女儿三分钟。"

一个月，对他的职场生涯来说算不上什么，三分钟，对他度日如年的一天来说，也算不上什么，他答应了。

最开始，他草草了事地抱女儿三分钟，然后哄她去睡觉。渐渐地，他发现三分钟已经不够用了，因为女儿要跟他说的话越来越多，他只好再抱得久一点。再后来，设计师自己也开始享受这项任务，喜欢上了跟天真烂漫的女儿闲谈。

有一回，女儿夸张地抬起胳膊，给他看自己在房屋墙角的碰伤。以前，她从来不这样向爸爸撒娇的,因为爸爸总是沉着脸忙于工作。

很快,设计师给客户提交了新的方案,他设计了一种内部无棱角的房屋,不仅造型奇特,让人耳目一新,而且非常温柔舒适,极具安全感,正适合当下准备要宝宝的年轻夫妻。

这一方案得到了公司和客户的一致首肯,成为年度的经典案例。设计师再也不想辞职了,因为他已经学会用全新的态度享受生活的乐趣。而且,他已经看到,公司楼下的花坛里,种着美丽的蔷薇。

[3]

我的邻居阿姨今年将近七十岁了,会打太极拳,还很爱跳广场舞,是个乐呵呵的老太太。

年假之前,她突然来敲门,拜托我去市场的时候捎一些菜给她,原来她把腿摔伤了。

我这才想起来问候一声:"您过年打算去哪里过呢?"

"还在哪里,就在这里过呗。"这个独居的老太太笑了。

她青年丧夫,一个人把儿子拉扯大,儿子却先走一步,给她留下了白发人送黑发人的悲伤。她落得无依无靠。

她告诉我,她最开始就是想不通,为什么命运会对自己这样不公平。她整日愁眉苦脸,唉声叹气,日子越过越灰暗。

有一回她走在路上,有个小女孩不小心碰了她一下,女孩吓哭了,抬头看了她一眼,竟轻吸了一口冷气,然后倒退两步跑了。

她回家照了照镜子,发现自己一身黑衣,面容苍白冷峻,的确令人不寒而栗。难怪从早到晚,世界都冷冰冰地待她,没人给她一个好脸色呢。要是儿子知道，该有多伤心啊。

从那以后，她开始振作起来，注重一日三餐，努力参加小区活动，把自己调理得健康红润。她的朋友多了起来，生活也热闹了起来，连路上的人们也不再对她冷眼相望。她发现，日子变得不再那么难熬。

无论是你遭遇旁人的冷眼，还是遭遇命运的不公，如果生活还要继续，痛苦无济于事，何不讨好一下自己呢？

如果你不能给自己带来快乐，那么你更不能给世界带来快乐，如果你不能给世界带来快乐，那么世界反馈给你的快乐将更加少得可怜。要打破这个恶性循环，就得从自身的快乐做起。

所谓讨好自己，就是一种生产快乐的能力。我们只有首先愉悦自身，散发快乐，才能由己及人地去爱世界。否则，一个连自己或家人都爱不好的人，凭什么要求世界温柔相待？

所以，当你想要去讨好世界的时候，不妨先学会讨好你自己，然后，你会发现，讨好这个世界，并没你想象得那么难。